布尔混沌物理熵源特性分析

Characteristic Analysis of
Boolean Chaotic Physical
Entropy Source

刘海芳 著

化学工业出版社

·北京·

内容简介

本书汇集了作者多年来在随机数产生的布尔混沌电路研究所取得的成果。本书首先介绍了布尔混沌电路的结构，建立数学模型进行仿真研究，解释了该电路产生布尔混沌信号的物理机制；接着，对布尔混沌信号的频谱、熵值、带宽等特性进行了分析，重点研究了布尔混沌信号的鲁棒性和随机性；最后，提供了一种结构简单、性能优良的布尔混沌电路随机数发生器。

本书主要创新点为：实验发现了布尔混沌电路的混沌信号和周期信号的随机转换现象，提出了布尔混沌参数空间的概念，并提出了通过增大布尔混沌参数空间增加布尔混沌信号带宽和鲁棒性的方法。

本书可供从事布尔混沌信号和随机数的产生、研究、设计及应用的技术人员及师生参考。

图书在版编目（CIP）数据

布尔混沌物理熵源特性分析 / 刘海芳著. -- 北京：化学工业出版社，2025.4. -- ISBN 978-7-122-47388-2

Ⅰ.TN710

中国国家版本馆 CIP 数据核字第 2025XH5072 号

责任编辑：严春晖　金林茹　　　装帧设计：孙　沁
责任校对：李　爽

出版发行：化学工业出版社
　　　　　（北京市东城区青年湖南街 13 号　邮政编码 100011）
印　　装：北京天宇星印刷厂
710mm×1000mm　1/16　印张 7　字数 150 千字
2025 年 5 月北京第 1 版第 1 次印刷

购书咨询：010-64518888　　　　　售后服务：010-64518899
网　　址：http://www.cip.com.cn
凡购买本书，如有缺损质量问题，本社销售中心负责调换。

定　　价：98.00 元　　　　　　　　　　版权所有　违者必究

前 言

随机数在身份验证、数值模拟、雷达探测和保密通信等领域有着重要的应用。尤其是在保密通信中,高速、安全、稳定的随机数是保证信息安全的关键。基于电子噪声的物理熵源理论上可以产生不可预测的绝对安全的随机数,具有易于集成、价格低廉的优势。近年来提出的布尔混沌电路通过对电路中噪声进行非线性放大,产生振荡幅值大、频谱宽的混沌振荡序列,有利于高速随机数的产生,且由于其电路结构简单、可移植性强,自提出以来获得了广泛的关注。

但是,目前布尔混沌熵源的研究仍然面临有限的布尔混沌带宽限制了随机数产生速率,导致缺乏鲁棒性而使随机数不能安全稳定地产生的问题。

针对上述问题,本书做了以下五项研究。

① 通过对比选取布尔延时微分方程对布尔混沌系统进行理论研究,首先证明了模型对器件响应特性的模拟和调控效果,进而确立了器件响应特性参数,为进一步研究器件响应特性对布尔混沌熵源特性的影响奠定了理论基础。

② 揭示了器件响应特性和布尔混沌复杂度及带宽之间的关系:布尔混沌复杂度与器件响应速度正相关,随着器件响应特性参数减小,即器件响应速度加快,排列熵值在逐渐增加至最大值 1 后基本保持不变;布尔混沌带宽随着器件响应速度加快呈指数增大。为高速布尔混沌熵源设计中逻辑器件的选取提供了理论依据。

③ 阐明了噪声如何影响布尔混沌系统输出，揭示了系统由混沌退化为周期的物理机制：布尔混沌在延时参数空间的分布范围较小且不连续，噪声引起的边沿抖动使网络中的延时参数发生微小偏移，在混沌与周期的交界处，延时参数值的微小偏移容易使延时参数由混沌参数变为周期参数，进而使熵源不能输出混沌。提出了增加逻辑器件个数和减小器件响应特性参数的两种增强布尔混沌熵源的鲁棒性的方法。

④ 实验证明了布尔混沌熵源的不可预测性。揭示了噪声引起的幅值扰动和相位扰动均能使布尔混沌序列产生轨迹分离。实验中对布尔混沌熵源进行了多次重启，结果表明布尔混沌熵源在电路噪声的影响下，每次重启产生不同的输出序列，证明了布尔混沌熵源的不可预测性。

⑤ 探索了布尔混沌熵源的拓扑结构，提出了一种鲁棒安全的布尔混沌熵源，实验中可以稳定地产生混沌序列，并产生了无需后处理即可通过统计测试的随机数。研究发现，现有 15 节点二输入二输出布尔混沌熵源在理想情况下，节点振荡幅度很小，甚至不振荡，且对称位置处节点输出时序完全相同。通过改变器件的连接方式，实现了一种 12 节点的非对称拓扑结构的布尔混沌熵源。对比实验表明，非对称布尔混沌熵源产生了幅值分布、李雅普诺夫指数、相关性和频谱等动态特性良好的混沌序列，表明该熵源结构采用更少的器件产生了复杂的动态，并实现了 100Mbit/s 的随机数产生速率。

本书是山西省教育厅科技创新项目"面向随机数的大带宽电学混沌熵源研究"，项目编号 2023L423 的阶段性研究成果。本书在编写过程中参考了一些期刊论文和专著书籍，在此对其作者表示感谢。由于时间仓促，作者水平有限，书中难免有不妥和疏漏之处，恳请读者批评指正。

刘海芳

山西工程科技职业大学

目 录

第 1 章 绪论　　1
  1.1　研究背景及意义　　2
  1.2　经典电子噪声物理熵源及其优缺点　　4
    1.2.1　基于噪声放大电路的物理熵源　　4
    1.2.2　基于亚稳态电路的物理熵源　　5
    1.2.3　基于振荡器的物理熵源　　7
    1.2.4　基于混沌电路的物理熵源　　8
  1.3　布尔混沌熵源研究进展　　10
    1.3.1　三输入布尔混沌熵源　　10
    1.3.2　二输入布尔混沌熵源　　12
  1.4　本书主要研究内容　　14

第 2 章 布尔混沌理论基础　　16
  2.1　布尔网络简介　　17
  2.2　布尔混沌的实验产生及原理分析　　19
  2.3　布尔网络模型及逻辑器件响应特性的调控　　21
  2.4　本章小结　　26

第 3 章 布尔混沌熵源输出复杂度和带宽研究　　27
  3.1　布尔混沌熵源模型及进入混沌的路径　　28
  3.2　布尔混沌复杂度增强研究　　33
    3.2.1　布尔混沌复杂度表征方法　　33
    3.2.2　布尔混沌复杂度增强　　35
  3.3　布尔混沌带宽增强研究　　42
  3.4　本章小结　　46

第 4 章 布尔混沌熵源的鲁棒性研究   47
4.1 布尔混沌熵源结构   48
4.2 布尔混沌熵源的鲁棒性分析   50
4.3 噪声影响布尔混沌熵源鲁棒性的物理机制   54
4.4 布尔混沌熵源的鲁棒性提高   56
4.4.1 提高布尔混沌熵源鲁棒性仿真研究   57
4.4.2 提高布尔混沌熵源鲁棒性实验研究   64
4.5 本章小结   66

第 5 章 鲁棒布尔混沌熵源的不可预测性研究   68
5.1 布尔混沌熵源的不可预测性分析   69
5.1.1 布尔混沌熵源对幅值扰动的敏感性   70
5.1.2 布尔混沌熵源对相位扰动的敏感性   75
5.2 布尔混沌熵源的不可预测性实验研究   78
5.3 本章小结   81

第 6 章 一种改进的鲁棒布尔混沌熵源及随机数的产生   82
6.1 15 节点二输入二输出布尔混沌熵源及其缺陷   83
6.2 布尔混沌熵源拓扑结构改进   85
6.2.1 非对称布尔混沌熵源仿真分析   86
6.2.2 非对称布尔混沌熵源实验分析   87
6.3 基于非对称布尔混沌熵源的随机数产生和测试   90
6.4 本章小结   92

第 7 章 结论与展望   94
7.1 本书结论   95
7.2 未来工作展望   96

参考文献   98

第 1 章　　绪论

1.1　研究背景及意义

1.2　经典电子噪声物理熵源及其优缺点

1.3　布尔混沌熵源研究进展

1.4　本书主要研究内容

1.1 研究背景及意义

随机数在很多领域都有重要的应用，比如彩票[1]、信息验证[2,3]、计算机仿真[4,5]、基因调控[6,7]和保密通信[8-13]等。尤其是在保密通信中，稳定、不可预测的随机数是保证信息安全的关键[14-16]。随着信息时代的发展，随机数产生装置正在向着高速、安全、稳定和可集成的方向前进。熵源是随机数随机性的唯一来源，熵源的特性是决定随机数的产生速率、不可预测性和稳定的关键。布尔混沌熵源是近年来发现的基于数字电路的随机数熵源[17]。它具有易于集成、价格低廉及大带宽的优势，有利于高速随机数的产生。

随着通信技术的发展，信息安全问题越来越受到重视[8-11,18]。历史上发生的信息泄露事件给人民和国家带来了严重的财产损失[19-21]。在保密通信中，信息安全依赖于密码学技术，即使除了随机密钥外的所有协议都是公开的，信息依然是安全的。随机数是密码学的核心，为了保证信息安全，随机数必须是绝对随机的、不可预测的[21,22]。此外，便携支付技术如手机支付、银行卡支付以及密码芯片的发展对随机数产生装置提出了集成化的要求。在蒙特卡洛计算、数值模拟、彩票等领域应用中，随机数的随机性同样是非常重要的[1,23,24]。比如在数值模拟中，随机数的随机性是保证模拟结果准确的重要前提；在彩票领域，随机数的随机性是保证结果公平的前提。

随机数的产生是近年来最热门的研究课题之一，根据熵源不同，随机数分为两大类：伪随机数和物理随机数[24-29]。伪随机数的熵源为有限的种子的熵，用一个长度为 k 的二进制序列，即伪随机数发生器的种子作为输入，由确定的算法进行计算就可以产生长度远大于种子长度的随机数序列[1,27,29]。常见的伪随机数产生技术包括基于线性反馈移位寄存器[30,31]、梅森旋转算法[32]、元胞自动机[33]、线性同余发生器[34]等的伪随机数发生器。伪随机数产生过程中能够通过调整算法参数产生"0"和"1"分布平衡的随机数序列，且具有产生速率高的优势。

但是伪随机数序列是确定的算法产生的，其下一个状态和历史状态之间具有确定关系，当种子和算法确定，伪随机数序列是可以重复产生的、可预测的，其随机性只来源于少数的种子，产生的随机数随机性较差，容易被预测[35]。70年代初，约翰·冯·诺伊曼（John von Neumann）指出，确定性算法是无法产生真正的随机数的[36]。伪随机数的安全性大大依赖于算法的复杂度，随着计算机计算能力的提高，伪随机数在保密通信的应用中，由于其随机性差，存在安全隐患[27]。比如，两大密码算法 MD5（Message-Digest Algorithm 5）和 SHA-1（Secure Hash Algorithm）的成功破解[37,38]，已被证明存在安全漏洞。而在蒙特卡洛计算和数值模拟应用中，伪随机数的低随机性会降低模拟计算的准确率，甚至使计算结果出现错误[39,40]。

为了克服伪随机数的缺陷，物理随机数应运而生。物理随机数的熵源为自然界中随机的物理过程。它来自真实世界自然存在的随机性，具有天然的不可预测性[41]。常见的随机过程有：抛硬币、掷骰子、鼠标的移动时间、核裂变、光子噪声、电子噪声等。但是，有些物理过程产生随机性太慢，有些物理过程非常危险不利于随机数的提取。基于光子噪声的随机数发生器，得益于光学设备响应速度快，能够产生高速随机数[42-45]。量子随机数发生器利用量子物理保证的随机变量，经过测量可以产生高质量的随机数。目前的量子随机数发生器多是基于光信号的[48,50]，但是，光学设备价格较高，且现有集成技术不成熟。电子噪声广泛存在于电子器件和电路中，电子设备价格低廉、集成工艺成熟，因此基于电子噪声的物理熵源受到了广泛的关注[46-48]。

基于物理熵源产生随机数的装置被称为物理随机数发生器。如图 1-1 所示，熵源是随机数随机性的全部来源，也是随机数产生过程的重要组成部分，随机数的熵提取过程是对熵源中的随机特征进行提取，并对其进行量化得到由"0"和"1"组成的随机数序列，部分熵源产生的随机数中"0"和"1"分布不平衡，需要后处理过程对提取得到的随机数序列的统计特性进行改善，使其具有均匀的分布特性。常见的后处理有哈希后处理[49]、冯诺依曼后处理[36]、线性反馈移位寄存器后处理[50] 等。然而，后处理会增加随机数发生器的结构复杂度，并且降低随机数的产生速率，因此，设计具有良好的统计特性、无需后处理的随机数熵源是非常必要的。

图 1-1　物理随机数发生器

1.2 经典电子噪声物理熵源及其优缺点

电子噪声由电子的随机运动形成，具有天然的随机性，广泛存在于各种各样的电路中，理论上是完美的随机数熵源。对电路中的电子噪声进行提取和量化以得到随机数，多年来在随机数的产生领域获得了广泛且成功的应用[51,52]。但是，电路中的噪声幅值非常小，难以直接提取，研究者们提出了多种电路结构以不同的提取方法对电路中的噪声进行提取，根据电子噪声提取方法的不同，电子噪声物理熵源主要分为以下 4 大类：

- 基于噪声放大电路的物理熵源；
- 基于亚稳态电路的物理熵源；
- 基于振荡环电路的物理熵源；
- 基于混沌电路的物理熵源。

1.2.1 基于噪声放大电路的物理熵源

在温度高于绝对零度时，阻性材料两端会产生随机电压，即噪声。它是由电荷的随机热运动引起的，理论上绝对随机，是完美的随机数熵源[47,53-55]。然而，该电压波动非常小，难以直接提取，早期，研究者提出了最直接简单的方法，通过放大器对噪声进行直接放大，然后对放大后的电压进行提取以产生随机数[47,56]。如图 1-2 所示，噪声放大器 Amp 对电阻两端的电压进行放大，得到幅值波动较大的输出序列，经过比较器对该输出序列进行量化产生随机数。由于放大器在增强噪声信号时带来了一些固有偏置，以及比较器的电压阈值设置可能不尽合理，导致随机数的统计特性较差，需要进一步经过后处理以产生高质量的随机数。

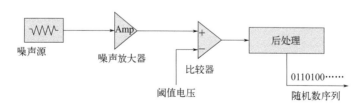

图 1-2 基于电子噪声放大电路的物理随机数产生装置图

此后，一些研究者致力于探索不同材料中的噪声，研究中发现一些特殊材料中的电子噪声振荡幅度较大，进而基于这些材料产生噪声对随机数发生器进行了改进。2004 年，S. Fujita 等对 Si 纳米元件中的电子噪声进行提取产生最快 1Mbit/s 随机数，由于 Si 纳米元件中可以产生高幅值的噪声，不需要放大器放大可直接进行提取[57]。2008 年，M. Matsumoto 等提出使用 SiN MOSFET 作为噪声源，产生了 2Mbit/s 的随机数，其噪声幅值较大，不需要强放大，大大减小了放大电路的面积和功耗[58]。2011 年，N. Liu 等利用金属氧化物半导体中的电子噪声产生随机数，该方法不需要放大电路，且可以产生无需后处理可以通过 NIST（national institute of standards and technology）测试的随机数，但是其速率仅为 11kbit/s[59]。

上述随机数产生方案中，由于温度等环境因素的影响，噪声的大小是动态变化的。为了使量化得到的随机数序列中"0"和"1"的分布平衡，需要动态调整比较器的阈值电压，但是实际中由于电路的调节精度和延时等问题，对于阈值电压的精确、实时地调控是非常困难的，因此产生的随机数序列统计特性较差，"0"和"1"分布不平衡。为了克服这一问题，一类方法是在量化之前以某种方式或算法消除放大得到的电子噪声序列的偏置，使随机数发生器无需实时调整阈值电压[52,56,60]，另一类方法是对比较器量化之后的序列进行调整以去除偏置[61]，但是会降低熵源利用率和随机数的产生速率。

综上所述，基于噪声放大电路的物理熵源，产生的随机数序列"0"和"1"分布不均衡，需要增加额外的电路和后处理步骤改善随机数序列分布特性，这会产生较大的功耗，降低随机数产生速率。并且，高灵敏的放大器容易受到电磁攻击导致熵源无法工作，存在安全隐患。

1.2.2 基于亚稳态电路的物理熵源

亚稳态电路是指在某些电路中存在两个稳定的状态，而在电路中噪声的影响下，其状态最终随机地到达其中一个稳定状态的电路。理想亚稳态电路最终的稳定状态完全由电子噪声决定，利用亚稳态电路的这一特性可以产生不可预测的随机数[43,56,62,63]。

一种最简单的亚稳态电路如图 1-3 所示，由两个反相器交叉耦合组成，使用时钟信号 CLK 通过晶体管控制反相器的两端 a 和 b，产生亚稳态现象[64]。

如图 1-4 所示，当时钟信号 CLK 为低电平时，a 和 b 被设置为高电平；当时钟信号变为高电平时，反相器开始自发运行执行反向操作，a 为下方反相器的输出，b 为上方反相器的输出，当 a 和 b 到达亚稳态电压 V_{meta}，由于噪声的影响一个反相

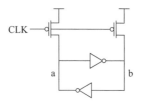

图 1-3 基于交叉耦合反相器的亚稳态电路[64]

器将先完成反相操作。图 1-4 中所示为 a 先完成反相操作的情况,此时 b 输出低电平,作为下方反相器新的输入,使 a 输出高电平,反之当 b 先完成反相操作时,a 输出低电平,b 输出高电平[64]。当电路中两个反相器和连接线完全一致时,电路完美对称,此时 a 和 b 的输出由电路中的噪声决定,a 和 b 随机地输出高电平或低电平。

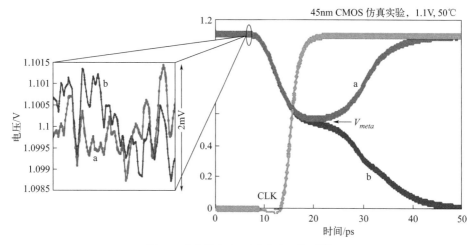

图 1-4 噪声影响下亚稳态电路的输出[64]

亚稳态电路是一种全数字电路,具有结构简单,价格低廉且易于集成的特点,吸引了很多研究学者的关注,近年来已有多种亚稳态电路被提出[48,63,65-67]。2008 年,I. Vasyltsov 等提出一种由 5 个反相器通过一个多路选择器与自身的输出和下一个相邻反相器的输出相连的亚稳态电路,该亚稳态电路共有两种工作模式,工作模式 1 中每个反相器形成一个自反馈环,在阈值附近高速振荡,此时工作状态为亚稳态,工作模式 2 中 5 个反相器相互串联,对工作模式 1 中的亚稳态进行采样并保持,由于噪声的影响,在工作模式 1 向工作模式 2 转换的过程中,随机采样到高电平或低电平,仿真产生了 35~50Mbit/s 的随机数[68]。2011 年,M. Majzoobi 等提出一种基于触发器的亚稳态电路,利用高精度可调节延迟线控制信号到达触发器的时间，使输入信号的维持时间介于触发器的建立时间和保持时间之间，诱导出现产生亚稳态，产生了 2Mbit/s 的随机数，经过后处理可以通过 NIST 测试[69]。2012 年，H. Hata 等提出一种使用 RS 锁存器构造的亚稳态电路，两个与非门交叉耦合，使用时钟控制两个与非门的一个输入端，使电路工作在亚稳态，然后电路自由运行，在噪声的影响下随机输出高电平或者低电平，产生了 12.5Mbit/s 的随机数[65]。

但是在实际中，由于制造工艺的误差和环境的影响，不可能构造完全一致的器件，亚稳态电路也不可能完全对称，这导致输出序列的"0"和"1"不均衡[69,70]。需要通过设计复杂的校正电路，消除亚稳态电路的固有偏置[64,69]。尽管如此，基于亚稳态电路产生的随机数通常仍然需要后处理，以确保其具有良好的统计特性，且能够通过随机数测试标准（NIST 测试），复杂的校正电路和后处理电路增加了电路功耗，降低了随机数的产生速率。

1.2.3 基于振荡器的物理熵源

噪声在幅值和相位上的变化分别称为幅值噪声和相位噪声，在周期振荡信号中，相位噪声在时域上表现为边沿抖动，是一种天然的随机数熵源[71-73]。基于振荡器的物理随机数发生器通过构造振荡器产生周期振荡，进而提取抖动产生随机数，获得了广泛的研究[74-78]。

图 1-5(a) 为一种简单的振荡器电路，由奇数个反相器组成，图 1-5(b) 为其输出周期信号及抖动的示意图。图 1-5(b) 中灰色部分表示抖动使上升沿和下降沿位置发生微小变化，图中可以看出单个抖动的量级是非常小的，难以提取，通过多个周期的积累，抖动逐渐增大。一种最简单直接提取抖动的方法是使用一个慢振荡器作为时钟采样快振荡器信号，慢振荡的周期是快振荡的 n 倍（n 为正整数），由于抖动，慢振荡的周期偏离快振荡的 n 倍周期继而产生随机数[79,80]。然而，实际硬件电路中两个振荡环的周期难以精确控制为整数倍，而且为了保证随机数的随机性，n 必须足够大。2007 年，B. Sunar 等提出一种新的提取方案，构造多个周期相同的振荡器，由于抖动的存在，各长度相同的振荡器的实际输出周期存在差异，通过对比各振荡器的输出产生随机数[76]。2011 年，Ü. Güler 等基于 $0.35\mu m$ 标准的 CMOS（complementary metal oxide semiconductor）工艺对 B. Sunar 等提出的随机数发生器进行了分析，证明了它对供电电压的鲁棒性，且相比直接使用慢振荡采样

快振荡的方法，该方法产生的随机数具有更好的随机性[81]。

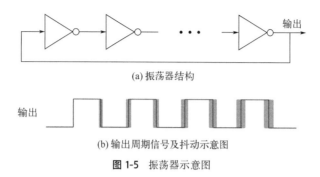

图 1-5 振荡器示意图

此外，近年来多种其他结构的振荡器被提出。2004 年，M. Drutarovský 等提出一种基于锁相环的振荡器，实现了 454kbit/s 随机数产生[82]。2018 年，E. Allini 等对基于锁相环的随机数发生器的硬件设置进行了仿真研究，在硬件设置中参数设置最优时，随机数产生速率可达 0.641Mbit/s[83]。2006 年，两种结合线性反馈移位寄存器和振荡器的新型的振荡器被提出，分别被称为斐波那契环形振荡器和伽罗华环形振荡器，可以产生速率达每秒百兆比特的随机数，但是该随机数发生器同时包含真随机性和伪随机性，降低了随机数的质量，需要后处理提高随机数质量[84-86]。2014 年，L. Li 等提出一种交叉反馈结构的振荡器，该振荡器可以产生亚稳态现象，增加了熵源的随机性，基于此产生了 150Mbit/s 随机数，经过异或链后处理可通过 NIST 随机数测试[87]。

基于振荡器的随机数熵源容易实现，原理简单，且其全数字的结构容易集成，但是需要长期的积累以产生能够提取的相位噪声，限制了随机数的产生速率。而且电路中的固有偏差使得振荡环的实际周期相对于理想周期存在固有偏移，使产生的随机数序列"0"和"1"分布不平衡，因此基于振荡环的随机数发生器通常需要使用后处理对产生的随机数分布特性进行改善。

1.2.4　基于混沌电路的物理熵源

混沌电路是一种非线性系统，能够产生无周期、宽频谱的混沌序列，这与随机数序列的特性不谋而合[88-91]。而且混沌系统对初始值非常敏感，微小的变化会使混沌系统输出序列轨迹迅速分离为完全不同的轨迹，因此混沌电路系统对电路中的噪声极其敏感，对电路中噪声具有非线性放大作用，且混沌序列的振荡幅度较大，便于提取。基于混沌电路的随机数熵源受到了研究者的广泛关注[46,53,92-95]。

基于混沌电路的随机数熵源包括离散混沌和连续混沌两种类型[96-103]。常见的离散混沌映射有逻辑斯谛映射、帐篷映射和伯努利映射等。2014 年，I. Cicek 等对斜帐篷混沌映射进行了参数分析，得到了产生相互独立的随机数的参数条件，并通过仿真实现了随机数的产生，使用 NIST 测试验证了产生随机数的质量[100]。2015 年，J. S. Teh 等使用 GPU 中多线程访问同一个地址单元时产生的竞争现象的输出作为逻辑斯谛映射的混沌参数，由于混沌行为对参数的敏感性产生了不可预测的混沌序列，经过量化和后处理产生了随机数[104]。2016 年，T. Tuncer 使用逻辑斯谛映射产生的混沌序列作为基于振荡器的物理不可克隆函数的激励信号，使用 50MHz 时钟对不可克隆函数的输出进行采集产生了可通过 NIST 测试的随机数[105]。2017 年，J. S. Teh 等提出一种基于斜帐篷混沌映射的身份验证方法，使用斜帐篷映射产生加密算法中的随机 s 盒[106]。2019 年，J. C. Hsueh 等使用折叠伯努利映射产生 10kbits/s 的随机数[107]。

连续混沌系统能够产生在时间和幅值上连续的序列，包含更多的可能性。2006 年，S. Özoğuz 等提出了一种交叉耦合连续混沌电路，并基于此混沌电路产生了随机数[108]。2015 年，H. Moqadasi 等提出一种基于蔡氏混沌电路的随机数发生器，经过后处理产生了可以通过测试的随机数[109]。2018 年，C. Wannaboon 等设计了一种基于 jerk 混沌电路的随机数发生器，采用 0.18μm CMOS 工艺的制作集成芯片，经过后处理产生了 50Mbps 的随机数[99]。但是上述基于连续混沌电路的随机数产生方法，由于产生的混沌序列是连续的，需要经过模拟信号到数字信号转换过程，对信号进行离散化。2009 年，R. Zhang 等提出一种布尔混沌电路，可以产生类二值化的混沌序列，不需要模数转换，量化简单[110]。此后，布尔混沌电路成功应用于随机数的产生[17,110-114]。

综上所述，基于混沌电路的随机数熵源，利用混沌电路的非线性特性，对电路中的电子噪声进行非线性放大，得到宽频谱、大幅值的振荡序列，在随机数产生领域获得了成功的应用。其中布尔混沌电路采用逻辑器件相互连接构成，是一种全数字电路，易于集成、混沌参数多、混沌参数范围大，且其产生的类二值混沌序列量化简单，自提出以来在随机数产生领域获得了广泛的关注。

1.3 布尔混沌熵源研究进展

布尔混沌电路是 2009 年新提出的一种由逻辑器件组成的连续混沌电路,与现有其他连续混沌电路相比,能够产生类二值化的混沌序列,且具有结构简单、易于集成的优势[110],因此自提出以来在随机数产生领域获得了广泛的关注[17,111-114]。基于布尔混沌电路的随机数熵源按照组成器件不同主要分为三输入逻辑器件构成的布尔混沌熵源和二输入逻辑器件构成的布尔混沌熵源。

1.3.1 三输入布尔混沌熵源

2013 年,D. P. Rosin 等提出了一种基于布尔混沌熵源的物理随机数发生器,如图 1-6 所示,布尔混沌熵源由 15 个三输入逻辑 XOR(异或)门和 1 个三输入逻辑 XNOR(异或非)门组成,每个逻辑器件的一个输入来自自身的输出反馈,另两个输入来自相邻器件的输出,器件之间形成两两互耦合结构[17]。提取电路采用 D 触发器等间隔抽取 4 个逻辑器件的输出并进行异或得到随机数,其随机数产生速率为 100Mbit/s,由于布尔混沌熵源电路结构简单,可轻松实现大量并行,文献中作者通过并行 128 个随机数熵源实现了 12.8Gbit/s 随机数的产生。

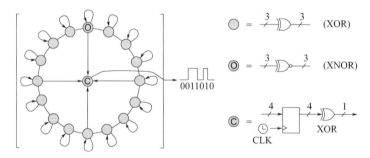

图 1-6 基于 16 节点三输入三输出逻辑器件布尔混沌熵源的随机数发生器[17]

2017 年,董丽华等对图 1-6 所示的布尔混沌熵源进行分析和改进,发现图 1-6 中布尔混沌熵源的逻辑器件个数少于 6 个时不能产生混沌振荡,输出为周期振荡或者不振荡,图 1-7 为改进后的布尔混沌熵源结构,该结构中节点之间的连接方式发生了改变,两个逻辑器件之间不再互耦合,且自反馈链路上引入了反相器构成的延时链,使熵源产生的动态更加复杂。该结构的布尔混沌熵源在逻辑器件个数大于 4 的情况下即能够产生混沌振荡,为了产生高质量随机数,同样使用 15 个三输入逻辑

XOR 门和 1 个三输入 XNOR 门构造新的布尔混沌随机数熵源，提取电路与图 1-6 所示相同，该结构产生了具有良好统计特性且能够通过测试的 100Mbit/s 随机数[113]。

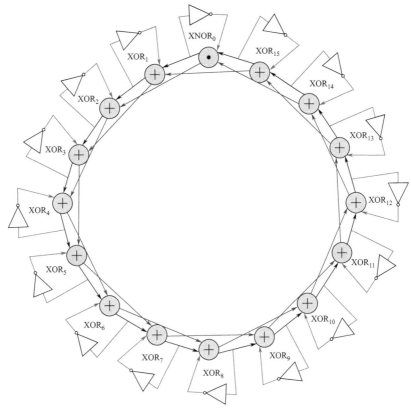

图 1-7　带有延时自反馈的 16 节点三输入三输出布尔混沌随机数熵源[113]

2018 年，马荔等人提出了一种基于 1 个三输入三输出 XNOR 门和 6 个三输入三输出 XOR 的布尔混沌熵源[111]。如图 1-8 所示，节点 1 为 XNOR 门，其余节点为

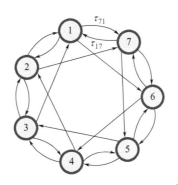

图 1-8　7 节点三输入三输出布尔混沌熵源[111]

XOR门，布尔混沌熵源中器件之间的连接方式更加复杂，每个逻辑器件的两个输入来自相邻的两个逻辑器件的输出，第三个输入来自相隔的逻辑器件的输出，使用D触发器对布尔混沌熵源中任意一个逻辑器件的输出进行提取产生100Mbit/s随机数。然而，由于布尔混沌系统逻辑器件较少，该布尔混沌熵源产生的随机数存在较大的"0"和"1"偏置，作者通过使用XOR链的后处理结构对随机数进行后处理，得到能够通过NIST测试的随机数序列。

1.3.2　二输入布尔混沌熵源

逻辑器件可以使用晶体管或者CMOS管构造，二输入逻辑器件由更少的晶体管或者CMOS管构成，其功耗大大低于三输入逻辑器件，因此使用二输入逻辑器件构造布尔混沌熵源有利于降低随机数发生器的功耗。

2015年，M. Park等作者提出了一种使用1个二输入异或门和多个反相器构成的布尔混沌熵源，如图1-9所示，二输入异或门的一个输入信号为自身输出的延时反馈，延时由偶数个反相器串联实现，另一个输入信号为振荡环的输出，振荡环由奇数个反相器首尾相连形成，并基于该混沌电路设计了随机数发生器，其结构如图1-10所示，产生了300Mbit/s随机数，经过一个双阈值量化的后处理结构之后，表现出良好的统计特性，可以通过NIST测试[112]。

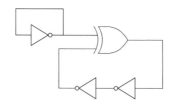

图1-9　单节点二输入布尔混沌熵源[112]

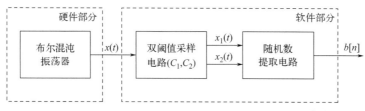

图1-10　单节点二输入布尔混沌熵源的随机数发生器结构图[112]

2019年，张琪琪等提出了一种基于1个二输入异或非逻辑门和14个二输入异或逻辑门组成的布尔混沌熵源，基于该熵源，设计并实现了随机数发生器，结构如

图 1-11 所示,每个逻辑器件的 2 个输入来自和它相邻的 2 个逻辑器件的输出,D 触发器对 3 个逻辑器件的输出进行提取量化并异或之后产生 100Mbit/s 随机数,实验证明它产生的随机数具有良好的统计特性,不需要经过后处理即可通过 NIST 测试[114]。

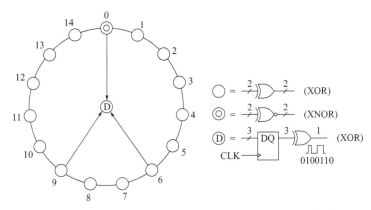

图 1-11 15 节点二输入二输出布尔混沌熵源的随机数发生器[114]

2020 年,杨芮等提出了一种基于 1 个三输入异或非逻辑门和 11 个二输入异或逻辑门组成的布尔混沌熵源,结构如图 1-12 所示,每个逻辑器件的 2 个输入来自与它相邻的逻辑器件和间隔一个节点的逻辑器件的输出,其中三输入异或非门的第三个输入来自一个由奇数个反相器组成的振荡环,将振荡环和布尔混沌熵源进行结合,增加了输出序列的随机性,同样使用 D 触发器对多个器件的输出进行提取量

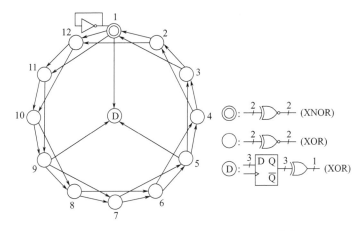

图 1-12 12 节点布尔混沌熵源的随机数发生器[115]

化并异或之后产生 100Mbit/s 随机数,实验证明它产生的随机数具有良好的统计特性,不需要经过后处理即可通过 NIST 测试[115]。与图 1-11 中布尔混沌熵源相比,该熵源减少了异或门的数量,但是异或非门由二输入变为三输入,且引入了反相器构成的振荡环。

1.4 本书主要研究内容

物理熵源能够产生不可预测的随机数,进而保证信息安全。布尔混沌熵源是近年来新提出的一种物理熵源,通过对电路中的噪声进行非线性放大产生随机数。布尔混沌熵源电路结构简单,易于集成,自提出以来获得了广泛的关注。但是其研究历史相对较短,目前的研究大多基于布尔混沌熵源的拓扑结构、硬件实现和后处理电路,对于熵源特性的研究非常少。布尔混沌熵源的带宽和输出序列的复杂程度越高越有利于随机数的高速产生;为了保证随机数的稳定产生,布尔混沌熵源必须具有鲁棒性;布尔混沌熵源的不可预测性是保证随机数安全性的重要前提。因此研究布尔混沌熵源特性,包括输出序列复杂程度、混沌带宽、布尔混沌熵源鲁棒性和布尔混沌的不可预测性是非常必要的。

本书各章内容安排如下。

第 1 章 综述了随机数熵源的发展现状,电物理随机数熵源由于其易于实现、价格低廉受到广泛关注,对电物理熵源进行了详细的总结分析,指出了布尔混沌熵源的优点。总结了布尔混沌熵源的发展现状,指出布尔混沌熵源特性研究的重要性,并介绍了本书的行文结构。

第 2 章 对布尔混沌的产生原理进行了解释,研究了布尔混沌系统的非线性元件即逻辑器件的响应特性,验证了基于分段线性微分方程的布尔混沌模型对器件响应特性的连续调节能力,进而确定了器件响应特性参数,为研究器件响应特性对布尔混沌熵源的影响奠定了基础。

第 3 章 研究了器件响应特性对布尔混沌熵源特性包括布尔混沌带宽和布尔混沌复杂程度的影响,结果表明,减小器件响应特性参数,即提高逻辑器件响应速度,可以增强布尔混沌复杂程度;同时,布尔混沌的带宽随着器件响应特性参数的减小指数增加。为基于布尔混沌熵源产生高速随机数应用中器件的选择提供了理论依据。

第 4 章　研究了布尔混沌熵源的鲁棒性，仿真和实验结果表明少量逻辑器件构成的小型布尔混沌熵源缺乏鲁棒性，会在噪声的影响下产生混沌向周期的随机跳变；理论分析了布尔混沌熵源鲁棒性差的物理机制，布尔混沌在延时参数空间分布范围较小且不连续，噪声导致延时参数的微小变化，使布尔混沌熵源的输出由混沌退化为周期；通过实验和仿真研究了提高布尔混沌熵源鲁棒性的方法，通过增加逻辑器件的数量和提高逻辑器件的响应速度，可以有效增强布尔混沌熵源的鲁棒性，使布尔混沌熵源能够稳定产生混沌序列，保证随机数的稳定产生。

第 5 章　研究了鲁棒的布尔混沌熵源对电路中噪声的敏感性及其不可预测性。研究表明布尔混沌对噪声引起的幅值扰动和相位扰动均具有敏感性，因此噪声使布尔混沌轨迹发生分离，在 FPGA（field programmable gate array）平台通过重启实验表明布尔混沌熵源每次重启产生不同的布尔混沌序列，证明了布尔混沌熵源的不可预测性，为不可预测的随机数的产生提供了保证。

第 6 章　对布尔混沌熵源的拓扑结构进行改进，提出了一种非对称拓扑结构的布尔混沌熵源，解决了在延时参数和器件响应特性参数完全相等的情况下，布尔混沌熵源某些节点不能振荡和对称位置处节点输出信号完全相同的问题，并基于该非对称布尔混沌熵源在 FPGA 上实现了 100Mbit/s 随机数的产生。借助随机数码形图和点阵图等工具对随机数进行观察，实验结果表明非对称布尔混沌熵源使用更少的逻辑器件产生复杂的动态特性，通过量化产生统计特性良好的随机数，无需任何后处理，即可通过 NIST 随机数测试标准。

第 7 章　总结了本书的主要工作，并对布尔混沌熵源未来的研究方向进行了展望。

第 2 章　布尔混沌理论基础

2.1　布尔网络简介
2.2　布尔混沌的实验产生及原理分析
2.3　布尔网络模型及逻辑器件响应特性的调控
2.4　本章小结

2009 年，研究者首次在自治布尔网络的硬件电路中观察到了混沌现象，并称其为布尔混沌。它的电路结构简单，仅由几个逻辑门相互连接组成，易于芯片实现，产生的布尔混沌的带宽可达吉赫兹（-10dB），与现有的其他电混沌相比具有很大的优势。在随机数产生领域，受到了研究者们的广泛关注。

布尔混沌的产生是随机数产生的重要前提，本章对布尔混沌硬件电路和数学模型进行了介绍，解释了布尔混沌的产生过程，并研究了数学模型对硬件电路中逻辑器件的模拟效果和调节能力，确定了器件响应特性参数，为本书接下来研究器件响应特性对布尔混沌熵源特性的影响奠定了基础。

2.1 布尔网络简介

布尔网络是由 N 个输入和输出均为二元态变量"0""1"的节点通过定向连接相互作用的系统，节点可以执行布尔逻辑运算，包括与、或、非、异或、异或非等[116]。其网络结构简单，非常容易构造大型网络，有利于模拟具有阈值行为和多反馈行为的复杂系统[117-119]。布尔网络模型已成功应用于生命科学[120,121]、气候研究[122,123]、地震研究和预测[124,125]等众多领域。图 2-1 所示为一个由两个节点连接组成的布尔网络，连接线表示信号的传输路径和方向，节点 1 执行异或运算，节点 2 执行与运算，每个节点有 2 个输入：一个来自自身输出的反馈；一个来自其他节点的输出。

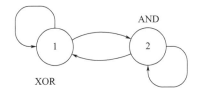

图 2-1 布尔网络示意图

布尔网络中节点根据自身的逻辑运算功能对输入进行运算，不断地产生新的状态，这个过程被称为节点的状态更新。传统的布尔网络中节点的更新时间是由时钟确定的，由一个控制设备控制各节点的更新时间和更新顺序，根据更新机制的不同可以分为同步布尔网络和异步布尔网络。同步布尔网络中所有节点同步更新，即所有节点同时检查自身的输入，并根据自身的逻辑运算功能产生下一个新的状态。

同步更新机制下，图 2-1 中布尔网络的状态更新如图 2-2 所示，圆圈内的两位二进制数表示节点 1 和 2 的输出状态，箭头所指的方向为更新的状态，图中左边圆圈内的"01"表示图 2-1 中布尔网络节点 1 和 2 的状态分别为"0"和"1"。在同步更新机制下，节点 1 进行异或运算，节点 2 进行与运算，得到下一个更新状态为"10"。

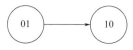

图 2-2　同步状态更新示意图

异步布尔网络中所有节点不同时更新，在任意一个时间节点只有一个或多个节点检查自身的输入并运算产生新的状态。图 2-3(a) 为节点 2 更新而节点 1 不更新时，图 2-1 中布尔网络的节点 1 和 2 的状态分别为"0"和"1"的新状态为"0"和"0"；图 2-3(b) 为节点 1 更新而节点 2 不更新时，新状态为"1"和"1"。

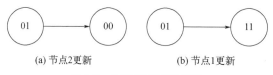

(a) 节点2更新　　　　　　(b) 节点1更新

图 2-3　异步状态更新示意图

自治布尔网络中节点的更新是自发的，网络中没有控制设备和时钟，各节点的更新时间和更新顺序不受控制，只由节点本身的特性所决定。图 2-4 为图 2-1 所示的布尔网络在自发更新机制下，节点 1 和 2 的状态分别为"0"和"1"时的状态更新示意图。由于在任意时刻，网络中每一个节点的更新都是自发的，存在 4 种可能的更新机制，分别为节点 1 和 2 都不更新、节点 1 更新而节点 2 不更新、节点 2 更新而节点 1 不更新、节点 1 和 2 都更新，对于给定的状态"01"，更新状态分别为"01""11""00""10"，显然自治布尔网络可以产生更加复杂的动态。

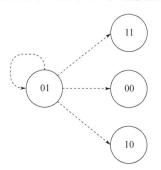

图 2-4　自治状态更新示意图

2.2 布尔混沌的实验产生及原理分析

2009年,Duke等在实验室使用电子逻辑器件实现了自治布尔网络,图2-5(a)为自治布尔网络结构图及其各节点的真值表,节点3为异或非逻辑门,节点1、2为异或逻辑门,连接线箭头方向为信号传输方向,τ_{ij}表示节点j到i的传输延时[110]。在实验中观察各节点的输出,如图2-5(b)和(c)所示,分别为节点2的输出时序和功率谱,图2-5(b)中可以看出自治布尔网络可以产生复杂的非周期序列,而且它的电压值表现为明显的高低电平,这一特性称为类二值性;图2-5(c)中可以看到在频域中带宽BW可以达到约1.3GHz(−10dB)[110]。

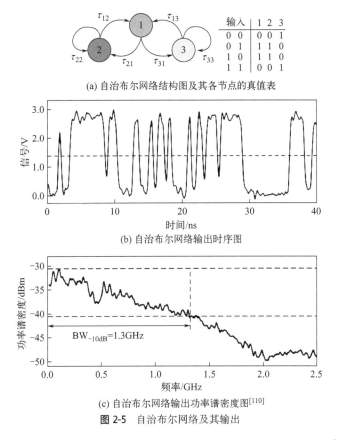

(a) 自治布尔网络结构图及其各节点的真值表

(b) 自治布尔网络输出时序图

(c) 自治布尔网络输出功率谱密度图[110]

图2-5 自治布尔网络及其输出

dBm用来表示功率,基于对数尺度来衡量功率相对于1mW的比值,$1\text{dBm}=10\lg\left(\dfrac{P}{1\text{mW}}\right)$

最大李雅普诺夫指数是混沌的重要表征方法,当最大李雅普诺夫指数为正时,表明序列对初始值敏感,初始值的微小变化会使序列轨迹发生指数分离。计算公式如式(2-1) 和式(2-2) 所示：

$$\lambda_{ab} = \frac{\ln[d(s)] - \ln(d_0)}{s} \quad (2\text{-}1)$$

$$d(s) = \frac{1}{T}\int_{s}^{s+T} x(t'+t_a) \oplus x(t'+t_b) dt' \quad (2\text{-}2)$$

式中，$x(t_a)$ 和 $x(t_b)$ 为初始值差异非常小的两个数据；T 为数据的长度；d_0 为数据 $x(t_a)$ 和 $x(t_b)$ 的初始距离，经过一段时间 s 的演变之后数据之间的距离变为 $d(s)$；λ_{ab} 为李雅普诺夫指数，表示初始差异非常小的两个数据之间距离随着时间 s 的变化，即轨迹的分离速度。Duke 等计算了自治布尔网络输出的李指数，图 2-6(a) 和 (b) 分别为实验中观察到的初始值存在微小差异的两个布尔混沌时序和其量化后的二值信号时序，图中可以看到序列轨迹随着时间逐渐分离，图 2-6(c) 中虚线的斜率为最大李雅普诺夫指数，图中可以看到最大李雅普诺夫指数大于 0，证明自治布尔网络可以产生混沌序列[110]。

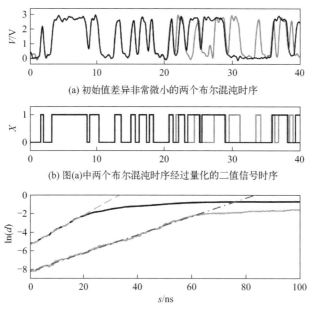

(a) 初始值差异非常微小的两个布尔混沌时序

(b) 图(a)中两个布尔混沌时序经过量化的二值信号时序

(c) 对数布尔距离随着时间的变化，黑色为实验数据，灰色为模拟数据[110]

图 2-6 布尔混沌对初始值的敏感性

混沌的本质特征是对初始值的敏感性，我们分析了自治布尔网络产生混沌的过程。当自治布尔网络以初始值 y_0^1 开始演化，随着时间推移输出序列的频率越来越高，当频率高到一定程度时，由于器件响应特性不能匹配如此快的信号，会中止输出的继续演变，标记此时的序列为 y^1。之后自治布尔网络会进入新一轮的不断高频化复杂化的演变，直到被再一次中止，记新的序列为 y^2。y^2 的初始值为 y^1 中止时的部分序列，记为 y_0^2，显然 $y_0^2 \neq y_0^1$，$y^2 \neq y^1$。如此，输出轨迹不断地被中止然后以中止时的序列为初始值重新开始演化，$y^N \neq y^{N+1}$，N 不断增大由此形成混沌吸引子。当器件响应特性不同，则轨迹被中止的时间位置不同。器件响应特性快，则被中止时 y^N 演化达到的复杂程度和频率更高，有利于增强输出序列的复杂程度和混沌的产生。由此可见，器件响应特性是布尔混沌产生的关键。

2.3 布尔网络模型及逻辑器件响应特性的调控

由 2.2 节的分析可知，研究逻辑器件的响应特性对布尔混沌的输出特性的影响是非常重要的。逻辑器件是数字电路的基本单元，由晶体管或者 CMOS 场效应管构成，通过一定的组合电路和晶体管或 CMOS 管的导通和截止实现相应的输入和输出的逻辑关系。但是晶体管和 CMOS 管的导通和截止需要一定的时间，因此当输入信号维持的时间太短时，逻辑器件不能产生正确的输出。如图 2-7 所示，将多个异或非门串联，其中一个输入端 u_2 始终为高电平 "1"，根据异或非逻辑运算，当 u_1 为高电平 "1" 时输出 y_{out} 应该为高电平 "1"，当 u_1 为低电平 "0" 时输出 y_{out} 应该为低电平 "0"，即此时输出信号 y_{out} 应与输入信号相同。输入信号 u_1 为图中上方所示的信号，原始输入为一个高电平脉冲，经过第一个异或非门其输出仍然为高电平脉冲但是宽度变窄，将其作为第二个异或非门的输入，第二个异或非门的输出脉冲宽度和脉冲幅值均减小，不能完全响应；信号继续传输，第三个异或非门完全不能输出响应信号。一个输入信号经过逻辑门输出信号不能完全响应，甚至完全不响应被称为逻辑器件的响应特性。图 2-7 中可以看出逻辑门的响应特性主要表现为输出信号脉冲宽度和幅值的变化，下文中使用输出信号的脉冲宽度和幅值的变化表征逻辑器件的响应特性。

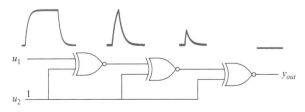

图 2-7 异或非逻辑门响应特性示意图

实际生产应用中逻辑器件的型号有多种，其器件响应特性从 ns 量级到 ps 量级不等，但是逻辑器件一旦生产出来，其器件响应特性就无法进行调节改变。因此，本章通过模型仿真研究了器件响应特性变化对布尔混沌的影响。

早期的布尔网络模型中仅包含节点的逻辑函数和节点之间的连接方式，对节点的响应特性和信号传输延时进行了简化，该模型称为 N-K 网络模型[126]。该模型由于没有考虑节点的响应特性和节点之间的传输延时，布尔网络的输出状态是离散的、有限的。布尔延时方程对 N-K 网络模型进行改进，在模型中引入了传输延时，通过设置合适的延时参数，自治布尔网络可以输出非周期的信号，且输出频率越来越高，这种现象被称为"紫外爆炸"[127]。但是实际自治布尔网络硬件电路中，由于器件响应特性不能响应任意快的信号，不能产生"紫外爆炸"现象。分段线性微分方程模型使用微分项描述节点的响应特性，由于微分过程是一个时间过程，不是瞬间完成的，与自治布尔网络硬件电路中逻辑器件不能响应任意快的输入信号的响应特性一致，因此可以更真实地模拟自治布尔网络硬件电路的输出特性[128]。

为了验证基于分段线性微分方程的自治布尔网络模型对网络中逻辑器件的响应特性的模拟效果和调控能力，以二输入异或非逻辑门为例，研究了基于分段线性微分方程的异或非逻辑门模型对器件响应特性的模拟效果和调控能力。图 2-8 为一个二输入异或非门示意图，有 2 个输入端、1 个输出端，若 2 个输入的电平相异，则输出为低电平"0"；若 2 个输入的电平相同，则输出为高电平"1"。图中 u_1 和 u_2 为两个输入，y_{out} 为输出。

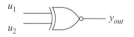

图 2-8　异或非逻辑门示意图

使用分段线性微分方程数学模型对图 2-8 中异或非逻辑门进行描述，如式(2-3)~式(2-5)所示，由于微分项 $\mathrm{d}y/\mathrm{d}t$ 的存在，使输出信号不可能发生突变，能够模拟实际器件中器件不能对输入信号做瞬时响应的特性。式中，$u_i(t)$ 为输入信号；$y_{out}(t)$ 为输出信号；"$\odot$"表示异或非运算；$U_i(t)$ 为量化后的输入信号；$Y_{out}(t)$ 为量化后的输出信号；$u_{th}=y_{th}=0.5\mathrm{V}$，为阈值电压。

$$\tau_{lp}\frac{\mathrm{d}y_{out}(t)}{\mathrm{d}t}=-y_{out}(t)+U_1(t)\odot U_2(t) \tag{2-3}$$

$$Y_{out}(t) = \begin{cases} 1, & y_{out}(t) > y_{th} \\ 0, & y_{out}(t) < y_{th} \end{cases} \tag{2-4}$$

$$U_i(t) = \begin{cases} 1, & u_i(t) > u_{th} \\ 0, & u_i(t) < u_{th} \end{cases} \tag{2-5}$$

首先，研究了对于不同频率的输入信号，式(2-3)～式(2-5)异或非逻辑门数学模型的输出情况。如图 2-9 所示，输入信号为任一给定的维持时间为 Δt_u 的脉冲，观察分析输出信号脉冲幅值和脉冲宽度的变化，该仿真实验中设置参数 $\tau_{lp}=0.15\text{ns}$，u_2 保持低电平 0V，u_1 初始为高电平 1V 然后转变为低电平 0V，保持一段时间 Δt_u 后转变为高电平 1V，即包含一个维持时间为 Δt_u 的低电平脉冲，阈值电压为 $u_{th}=y_{th}=0.5\text{V}$，大于阈值电压为高电平否则为低电平。图 2-9(a) 中 τ_{pd} 为异或非门开始响应到穿越阈值电压的时间，本书称为器件输入输出延时，显然当输入信号维持时间小于 τ_{pd} 时，输出信号来不及穿越阈值电压，不能输出正确的响应电平（本实验中为高电平）；反之当输入信号维持时间大于 τ_{pd} 时，逻辑器件将产生正确的响应。图 2-9(a)～(c) 中输入信号 u_1 低电平脉冲保持时间分别为 1.5ns、0.2ns、0.1ns，对比图 2-9(a)、(b)、(c) 可以看出，图 2-9(a) 中 u_1 低电平保持的

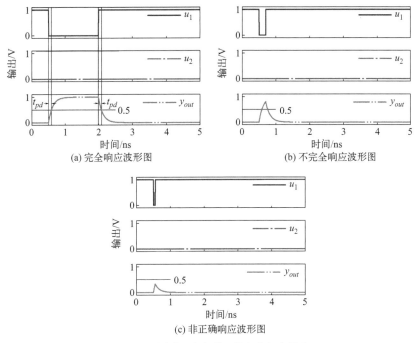

图 2-9 异或非逻辑门输入输出响应波形图

时间足够长，y_{out}能够完全响应输出完整的高电平脉冲；图2-9(b)中u_1低电平保持的时间减短，器件不能完全响应，输出信号y_{out}的高电平脉冲幅值较低宽度较窄；图2-9(c)中低电平保持的时间太短，器件不能产生正确的响应，输出信号y_{out}幅值低于阈值电压0.5V，没有输出高电平脉冲，这是因为输入信号的低电平脉冲宽度太窄，式(2-3)～式(2-5)表示的异或非逻辑门不能响应如此快的脉冲，产生了短脉冲抑制效应。上述仿真结果表明基于分段线性微分方程建立的数学模型可以模拟器件的响应特性。

分析式(2-3)～式(2-5)的基于分段线性微分方程的异或非逻辑门数学模型，可以看出，微分项系数τ_{lp}可以控制模型中微分过程的时间长短，从而改变逻辑器件的响应特性。

为了研究模型参数τ_{lp}对器件响应特性的调节能力，我们观察了微分项系数τ_{lp}变化时，器件响应特性的变化。如图2-10所示，对于相同的输入信号，输出信号随着系数τ_{lp}的减小变化。图2-10(a)为输入信号，$u_2(t)$为恒定低电平0V，$u_1(t)$初始为高电平1V，在0.70～1.05ns处有一脉冲宽度$\Delta t_u = 0.35$ns的低电平脉冲，$y_{out}(t)$初始为低电平，根据异或非逻辑运算，当$u_2(t)$低电平脉冲出现时，输出$y_{out}(t)$应响应为高电平脉冲。图2-10(b)中灰实线为器件输出信号$y_{out}(t)$，曲线峰值为输出脉冲幅值y_{max}，黑实线为输出信号$y_{out}(t)$经过式(2-2)量化后的信号$Y_{out}(t)$，其脉冲宽度即为输出脉冲宽度Δt_Y。对比图中不同τ_{lp}取值的输出信号可以看出，随着τ_{lp}增大，$y_{out}(t)$的幅值y_{max}减小，脉冲宽度Δt_Y也减小，表明τ_{lp}增大，器件响应速度变慢，对于相同的输入信号，其输出幅值减小、脉冲宽度变窄。图中可以看出当τ_{lp}为0.75ns时输出信号不能穿越阈值电压，不能输出正确的响应，脉冲宽度为0ns，表明此时由于器件响应速度太慢，不能响应维持时间为

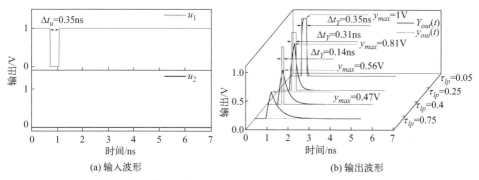

图2-10 异或非逻辑门输入相同，$\tau_{lp}=0.05$ns、0.25ns、0.4ns、0.75ns时输出波形

0.35ns 的输入信号。研究结果表明，减小微分项系数 τ_{lp} 可以调节器件响应特性，进而改变输出信号，本书称 τ_{lp} 为器件响应特性参数。

为了进一步验证逻辑器件响应特性参数对器件响应特性的连续调节能力，选取 5 个脉冲宽度 Δt_u 不同的输入信号，观察输出脉冲宽度和幅值随着 τ_{lp} 的连续变化曲线，如图 2-11 所示。图 2-11(a) 中为输入信号，u_2 完全相同均为低电平 0V，$u_{1,1}$、$u_{1,2}$、$u_{1,3}$、$u_{1,4}$、$u_{1,5}$ 表示 u_1 的 5 种不同波形，其低电平 0V 保持时间分别为 0.1ns、0.2ns、0.3ns、0.4ns、0.5ns。当 τ_{lp} 从 0.01ns 逐渐增大至 5.00ns 时，对应不同的输入信号 $u_{1,j}$，输出信号的脉冲的幅值 y_{max} 和宽度 Δt_Y 产生变化，τ_{lp} 调节步进为 0.05ns。如图 2-11(b) 所示，y_{max} 随着 τ_{lp} 的变大迅速减小，并逐渐趋于 0V。图 2-11(c) 为 Δt_Y 随着 τ_{lp} 的变化曲线，可以看出，对于同一个输入信号，随着参数 τ_{lp} 的增大，响应脉冲宽度 Δt_Y 逐渐减小，最终降为 0ns，此时表明逻辑器件不能输出正确的响应（此例中为高电平）。仿真结果表明对于任意的输入信号，改变参数 τ_{lp} 可以连续调节输出信号的幅值和脉冲宽度，随着参数的增大，输出信

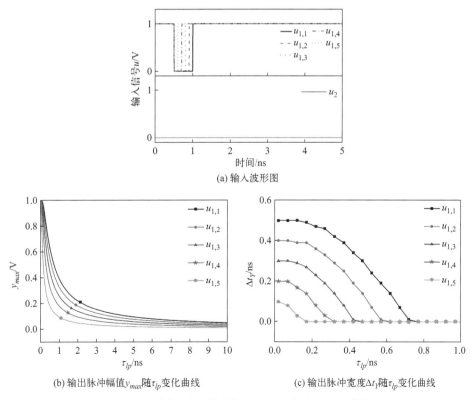

(a) 输入波形图

(b) 输出脉冲幅值 y_{max} 随 τ_{lp} 变化曲线

(c) 输出脉冲宽度 Δt_Y 随 τ_{lp} 变化曲线

图 2-11 异或非逻辑门输出脉冲幅值和宽度随 τ_{lp} 变化曲线

号幅值和脉冲宽度均逐渐减小直至为 0，即逻辑器件完全不响应。上述表明器件响应特性参数 τ_{lp} 能够对逻辑器件的响应特性进行连续调节。

2.4　本章小结

布尔混沌是自治布尔网络产生的混沌序列。布尔混沌硬件电路是仅由逻辑器件相互连接组成的数字电路，结构简单，易于集成。本章对自治布尔网络硬件电路产生布尔混沌的物理机制进行了解释，在硬件电路中，由于器件不能响应任意快的输入信号，因此电路输出时序在自由演变过程中，当信号频率大于器件能响应的最大频率时会停止继续演变，并重新开始新的演变轨迹，进而产生混沌。

本章使用基于分段线性微分方程的自治布尔网络模型，创新性地分析了模型参数对硬件电路中逻辑器件的响应特性的模拟效果，确定了器件响应特性参数，仿真结果表明该参数对器件响应特性具有连续调节能力，为研究器件响应特性对布尔混沌熵源输出特性的影响奠定了理论基础。

第 3 章 布尔混沌熵源输出复杂度和带宽研究

3.1 布尔混沌熵源模型及进入混沌的路径

3.2 布尔混沌复杂度增强研究

3.3 布尔混沌带宽增强研究

3.4 本章小结

布尔混沌熵源是基于布尔混沌电路输出的布尔混沌序列对电路中噪声的非线性放大提取产生随机数的。布尔混沌的复杂程度越高，则对噪声的敏感度越高，越有利于高质量随机数的产生；布尔混沌的带宽越高，越有利于产生高速随机数。因此，序列复杂程度和混沌带宽是布尔混沌熵源的重要特征，研究如何增强布尔混沌序列的复杂程度和带宽是非常重要的。

由第 2 章研究可知，布尔网络的节点是布尔混沌产生的关键，在硬件电路中，使用逻辑器件实现节点。逻辑器件对输入信号的响应是一个时间过程，器件的响应特性是布尔混沌电路产生混沌的根本原因[129]。因此，本章主要研究器件响应特性对布尔混沌的复杂程度和布尔混沌带宽的影响，进而提出布尔混沌熵源复杂程度和带宽增强的方法。

3.1 布尔混沌熵源模型及进入混沌的路径

2009 年 R. Zhang 等人首次在三个逻辑器件组成的布尔混沌电路中观察到混沌现象[110]。该布尔混沌电路的结构如图 3-1 所示，节点 2 为异或非逻辑门，节点 1、3 为异或逻辑门，连接线箭头方向为信号传输方向，τ_{ij} 表示从节点 j 到 i 的传输延时。

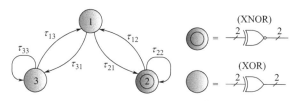

图 3-1　布尔混沌熵源示意图[110]

使用分段线性微分方程建立三节点小型布尔混沌系统的数学模型，如式(3-1)和式(3-2)所示。式中微分项 dx_1/dt、dx_2/dt、dx_3/dt 模拟网络中节点 1、2、3 的器件响应输入信号的时间过程，与式(2-3)～式(2-5)表示的单节点模型不同的地方是该模型中各逻辑器件的输入信号来自其他器件或者器件自身的输出反馈信号，而单节点模型中输入信号为外部指定的。同理，在式(3-1)和式(3-2)中，微分项系数 $\tau_{lp,i}$ 能够调节器件 i 的响应特性，被称为逻辑器件 i 的器件响应特性参数，$\tau_{lp,i}$ 中 i 对应图 3-1 中不同编号的节点，由 2.3 节中研究结果可知，$\tau_{lp,i}$ 减小即逻辑器件 i 的响应速度加快，使逻辑器件能够响应维持时间更短的输入信号；式

(3-1)中"⊙"表示节点2的逻辑器件执行异或非运算;"⊕"表示节点1、3的逻辑器件执行异或运算;$x_1(t)$、$x_2(t)$、$x_3(t)$分别为图3-1中节点1、2、3的输出信号,逻辑器件自身会对输入信号进行高低电平的判断,根据判断结果为高电平(1)或者低电平(0)并做出响应。因此,用式(3-2)对输出信号$x_1(t)$、$x_2(t)$、$x_3(t)$进行量化,得到信号$X_1(t)$、$X_2(t)$、$X_3(t)$作为节点1、2、3的输入信号;$x_{th}=0.5V$为阈值电压;τ_{ij}与图3-1中相同,表示从节点j到节点i的传输延时,也即延时参数。

$$\begin{cases} \tau_{lp,1}\dfrac{dx_1(t)}{dt}=-x_1(t)+X_2(t-\tau_{12})\oplus X_3(t-\tau_{13}) \\ \tau_{lp,2}\dfrac{dx_2(t)}{dt}=-x_2(t)+X_2(t-\tau_{22})\odot X_1(t-\tau_{21}) \\ \tau_{lp,3}\dfrac{dx_3(t)}{dt}=-x_3(t)+X_3(t-\tau_{33})\oplus X_1(t-\tau_{31}) \end{cases} \quad (3\text{-}1)$$

$$X_i(t)=\begin{cases} 1, & x_i(t)>x_{th} \\ 0, & x_i(t)<x_{th} \end{cases} \quad (3\text{-}2)$$

首先,研究了布尔混沌系统随着器件响应特性参数变化的分岔图,如图3-2所示,其横坐标为器件响应特性参数,纵坐标为输出随着这一参数的变化情况。分岔图可以表明布尔混沌系统在参数空间中的混沌分布区间,同时可以看出系统进入混沌的路径。若在某一参数值下对应纵坐标值为离散的有限的几个值,表明此时布尔混沌系统的输出为周期振荡的,当在某一参数值下对应纵坐标值遍布在某一个区域内,表明布尔混沌系统工作在混沌状态,输出为混沌序列。

使用式(3-1)、式(3-2)表示的模型进行仿真研究,模型中延时参数τ_{ij}取两组不同的值,如表3-1所示,本实验观察了两组不同延时参数取值下布尔混沌系统的输出序列随着器件响应特性参数变化的分岔图。

表 3-1 延时参数表 Ⅰ   单位:ns

参数组	τ_{12}	τ_{13}	τ_{21}	τ_{22}	τ_{31}	τ_{33}
1	0.2	0.07	2.02	0.97	0.19	0.21
2	2.5	1.07	0.43	0.57	2.19	0.10

本实验中分岔图的纵坐标为布尔混沌系统输出时序的相邻上升沿之间的时间距

离,其测量方法如图 3-2 所示。采集器件响应特性参数 τ_{lp} 在不同取值下的时序,由于逻辑器件对于任意输入信号的输出响应会迅速上升或下降,其输出幅值电压的分布主要集中在高电平 1V 和低电平 0V 附近,在 0~1V 中间的分布很少,具有类二值信号的特点。上升沿和下降沿的发生时刻是时间序列的一个重要特征,使用相邻上升沿或下降沿之间的距离作为输出的特征值,观察其值的分布情况可以表征输出的周期和非周期状态,图 3-2 中使用变量 Δt 表示相邻上升沿之间的距离,当输出为周期状态时,Δt 为离散的有限的值,当输出为混沌状态时,Δt 序列是连续变化的。

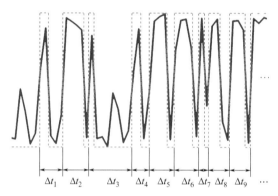

图 3-2 相邻两个上升沿之间的距离 Δt 测量方法示意图

图 3-3 为随器件响应特性参数 τ_{lp} ($\tau_{lp}=\tau_{lp,1}=\tau_{lp,2}=\tau_{lp,3}$) 变化、图 3-1 中布尔混沌熵源节点 1 的输出的分岔图,图 3-3(a) 和 (b) 分别为延时参数 τ_{ij} 取表 3-1 中第 1 组和第 2 组值时输出的分岔图。实验中 τ_{lp} 变化范围为 0.01~3ns,调节步进为 0.007ns,纵坐标为输出时序的相邻两个上升沿之间的时间距离 Δt。图 3-3(a) 和 (b) 中可以看出布尔混沌系统的输出动态随着器件响应特性参数变化,随着 τ_{lp} 的减小,输出频率越来越高,Δt 越来越小且分布越来越均匀,布尔混沌系统的输出由周期进入混沌,且混沌窗口中夹杂着周期窗口,随着参数 τ_{lp} 继续减小,周期窗口越来越窄,混沌窗口越来越大,这表明器件响应特性参数可以作为布尔混沌系统的混沌参数,随着器件响应特性参数减小,布尔混沌系统进入混沌状态。

对比分析图 3-3(a) 和图 3-3(b) 可以看出,对于任意一个具体的参数 τ_{lp} 取值,图 3-3(a) 和 (b) 中布尔混沌系统的输出序列是不同的。而且,在图 3-3(a) 中当

参数 τ_{lp}<0.115ns 时输出为混沌状态，图 3-3(b) 中当参数 τ_{lp}<0.248ns 时，输出为混沌状态，即布尔混沌在 τ_{lp} 参数空间的分布范围比图 3-3(a) 中大，表明延时参数不同，会影响布尔混沌在 τ_{lp} 参数空间的分布范围，合适的延时参数取值可以增大布尔混沌在器件响应特性参数的参数空间的分布范围。而当 τ_{lp} 很小时，两组延时参数下布尔混沌系统的输出均为混沌序列，表明器件响应特性参数越小时，对布尔混沌熵源的延时参数越不敏感。在实际中延时参数的取值难以精确控制，选取小的器件响应特性参数，有利于混沌的产生。

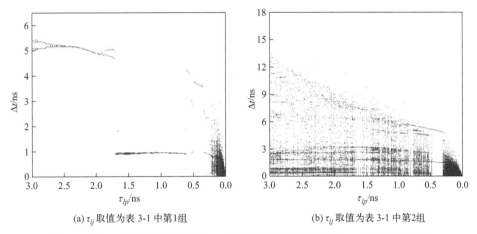

(a) τ_{ij} 取值为表 3-1 中第1组   (b) τ_{ij} 取值为表 3-1 中第2组

图 3-3 图 3-1 中布尔混沌熵源节点 1 的输出随器件响应特性参数 τ_{lp} 变化的分岔图

为了观察布尔混沌熵源不同节点的输出状态，同样对图 3-1 中节点 2 和 3 的输出随器件响应特性参数 τ_{lp} 的变化的分岔图进行了观察，分别如图 3-4 和图 3-5 所示。仿真实验中各延时参数取值与图 3-3 中相同。观察图 3-4 和图 3-5 可以看到，节点 2 和 3 的输出同样随着器件响应特性参数的减小进入混沌状态。图 3-3(a)、图 3-4(a)、图 3-5(a) 进行对比可以看出混沌和周期在器件响应特性参数空间的分布区间和范围完全一致，同样图 3-3(b)、图 3-4(b)、图 3-5(b) 中混沌和周期窗口在器件响应特性参数空间的分布区间和范围完全一致，表明延时参数不变时，布尔混沌熵源不同节点同时产生混沌和周期，当一个节点输出为混沌状态时，其余节点输出也为混沌状态。

为了详细地观察不同器件响应特性取值下布尔混沌熵源的输出情况，以图 3-3(a) 中的分岔图为例，直观展示不同器件响应特性参数 τ_{lp} 参数下布尔混沌系统的

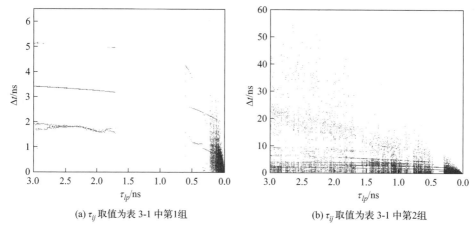

(a) τ_{ij} 取值为表 3-1 中第1组　　　　　　(b) τ_{ij} 取值为表 3-1 中第2组

图 3-4　图 3-1 中布尔混沌熵源节点 2 的输出随器件响应特性参数 τ_{lp} 变化的分岔图

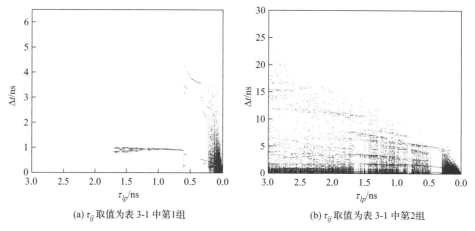

(a) τ_{ij} 取值为表 3-1 中第1组　　　　　　(b) τ_{ij} 取值为表 3-1 中第2组

图 3-5　图 3-1 中布尔混沌熵源节点 3 的输出随器件响应特性参数 τ_{lp} 变化的分岔图

输出序列，图 3-6 为 $\tau_{lp}=0.63\mathrm{ns}$、$0.305\mathrm{ns}$、$0.05\mathrm{ns}$ 时布尔混沌系统输出时序、频谱、Δt 序列的相图。从图 3-6(a1)、(b1)、(c1) 可以看到，当 $\tau_{lp}=0.63\mathrm{ns}$ 时输出为周期振荡，对应的频谱中有明显的尖峰，此时 Δt 序列相图中存在两个离散的点，分别为 $0.89\mathrm{ns}$、$0.92\mathrm{ns}$，表明一个周期内有 2 次上升沿和下降沿；从图 3-6(a2)、(b2)、(c2) 中可以看出当 $\tau_{lp}=0.305\mathrm{ns}$ 时输出仍然为周期振荡，但是一个周期内存在多个峰值，Δt 序列相图中点的个数增多表明序列的复杂程度更高；从图 3-6(a3)、(b3)、(c3) 可以看出输出为无周期的混沌振荡信号，频谱平坦，Δt 序列相图中点的分布密集且无规律。

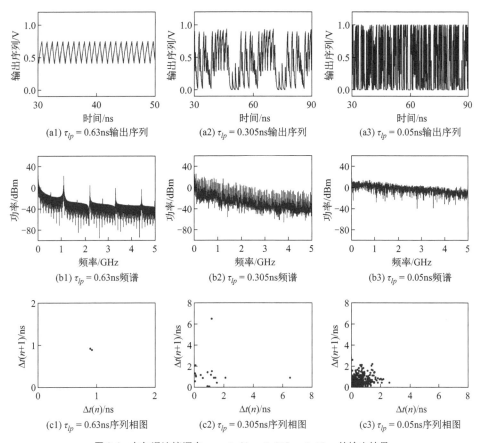

图 3-6 布尔混沌熵源在 $\tau_{lp}=0.63\text{ns}, 0.305\text{ns}, 0.05\text{ns}$ 的输出结果

3.2 布尔混沌复杂度增强研究

布尔混沌序列复杂度越高,则布尔混沌熵源对噪声的敏感程度越高,有利于对噪声的不确定性的提取,增加随机数的随机性,因此对布尔混沌复杂度增强的研究是非常重要的。

3.2.1 布尔混沌复杂度表征方法

排列熵是衡量序列复杂程度的常用方法,引入排列熵的概念,对重构数据的复杂程度进行评估,如果序列是有序的,则排列熵的值很低,若序列是无规则的、不重复的混沌序列,则排列熵值很高,接近 1[130,131]。本节使用排列熵表征布尔混沌熵源输出序列的复杂度,首先需要对序列进行重构,重构方法如图 3-7 所示,对于

一个长度为 n 的序列，选择合适的嵌入维度 d 和嵌入延时 τ，则得到的重构序列长度为 $n-(d-1)\tau$，序列中每一个时刻的数据的维度为 d。

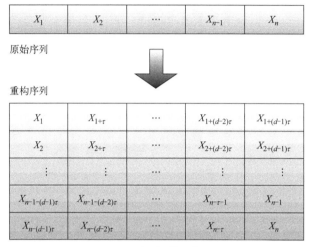

图 3-7 序列重构示意图

排列熵计算公式如式(3-3)～式(3-5)所示：

$$\boldsymbol{X}_i = \{x_i, x_{i+\tau}, x_{i+2\tau}, \cdots, x_{i+(d-1)\tau}\} \quad (3\text{-}3)$$

$$P_{C_e} = \frac{\sum_{i=1}^{n-(d-1)\tau} f(X_i)}{n-(d-1)\tau} \quad (3\text{-}4)$$

$$H = -\frac{\sum_{e=1}^{d!} P_{C_e} \lg(P_{C_e})}{\lg(d!)} \quad (3\text{-}5)$$

式中，d 为嵌入维度；τ 为嵌入延时；x_i 为原始时间序列；n 为序列长度；$\boldsymbol{X}_i$ 为对原始序列按照图 3-7 所示方法进行重构后的序列，重构序列的长度小于等于 $n-(d-1)\tau$，为了保证计算准确，重构序列长度需要满足远大于嵌入维度的条件。重构序列在任意 i 时刻的值 $\boldsymbol{X}_i$ 为一个 d 维向量。如图 3-7 中任一行所示，对 $\boldsymbol{X}_i$ 的数据进行从小到大排列，若有 $\boldsymbol{X}_{i+(d-j)\tau} = \boldsymbol{X}_{i+(d-k)\tau}$，且 $j<k$，则称 $\boldsymbol{X}_{i+(d-j)\tau} \leqslant \boldsymbol{X}_{i+(d-k)\tau}$，$d$ 个数据按大小顺序不同共有 $d!$ 种排列方式。C_e，$e = \{1, 2, \cdots, d!\}$ 标识 $d!$ 种不同的排列方式，式(3-4)为排列方式为 C_e 的概率分布，当任意时刻的 d 维向量 $\boldsymbol{X}_i$ 的排列方式为 C_e 时 $f(\boldsymbol{X}_i) = 1$，否则 $f(\boldsymbol{X}_i) = 0$；P_{C_e} 为 $\boldsymbol{X}_i$ 排列方式为 C_e 的概率。由公式(3-5)计算可得，排列熵 H 范围为 $[0,1]$，当 $\boldsymbol{X}_i$ 为任意排列方式 C_e 的概率均同为 $1/d!$ 时，序列排列熵 H 可达到最大值 1，此时 $d!$ 种排列方

式在序列中是等概率出现的，排列熵的值越高表明序列复杂程度越高。

在排列熵的计算中，当嵌入维度 d 的取值太小为 1 或 2 时重构序列的维度太小，排列空间太小不能准确衡量原始序列的复杂程度，若嵌入维度取值太大则计算太复杂，且难以满足序列长度远大于嵌入维度的条件，因此 d 一般取值为 3～7[131]。为了确定布尔混沌序列排列熵计算中的参数嵌入维度 d 和嵌入延时 τ，选取多组布尔混沌序列，观察其排列熵的平均值随参数 d 和 τ 的变化，图 3-8 为当 d = 3、4、5、6、7、8 时，排列熵的值随嵌入延时参数 τ 的变化曲线。

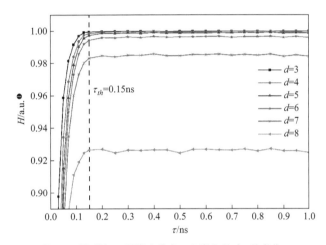

图 3-8 排列熵 H 随嵌入维度 d 和嵌入延时 τ 的变化

本实验中原始数据 $x(t)$ 的长度 n 为 50000，从图 3-8 中可以看出，当 d 的取值为 7 或 8 时，排列熵的值较低，这是因为重构序列中样本太少，而每一个数据点的维度 d 较大，导致排列空间较大，数据样本量相对排列空间不足够大，统计结果偏低。图中还可以看出，当嵌入维度相同时，随着嵌入延时的增大排列熵的值增大，趋于一个最大值后保持不变。使排列熵进入稳定值的最小嵌入延时为 τ_{th}，显然嵌入延时需要满足 $\tau > \tau_{th}$。

3.2.2 布尔混沌复杂度增强

由 3.1 节研究可知，逻辑器件的响应特性对布尔混沌系统的输出有很大的影响。实际中逻辑器件的类型多种多样，其器件响应特性各不相同，研究逻辑器件的

---

❶ a. u. 为 arbitrary unit 的缩写，意为任意单位。

响应特性对布尔混沌复杂度的影响，有利于在布尔混沌熵源的设计中选取合适的逻辑器件。而实际生产应用中，逻辑器件一旦生产完成其器件响应特性就确定了，器件响应特性难以进行连续调节，因此本章通过仿真研究了器件响应特性参数对布尔混沌复杂度的影响。

（1）所有器件响应特性同时变化对布尔混沌复杂度的影响

使用式(3-1)和式(3-2)中的布尔混沌熵源数学模型进行仿真研究，研究中使用排列熵对布尔混沌序列的复杂度进行表征，根据3.2.1节的研究，本实验中嵌入维度和嵌入延时分别设置为 $d=4$ 和 $\tau=0.25\text{ns}$，初始延时参数的 τ_{ij} 取值如表3-2所示。

表 3-2 延时参数表 II   单位：ns

τ_{12}	τ_{13}	τ_{21}	τ_{22}	τ_{31}	τ_{33}
0.02	0.07	0.05	0.97	0.19	0.21

模型中包含器件响应特性参数和延时参数，图3-2、图3-4、图3-6中研究表明延时参数 τ_{ij} 和器件响应特性参数 τ_{lp} 在对布尔混沌输出的调节过程中会相互影响。因此，我们研究了布尔混沌熵源输出序列的排列熵值在参数 τ_{lp}（$\tau_{lp}=\tau_{lp,1}=\tau_{lp,2}=\tau_{lp,3}$）和 τ_{ij} 在二维参数空间上的分布情况，如图3-9所示。图3-9(a)~(f)所示分别为布尔混沌熵源的输出序列的排列熵 H 随着 τ_{lp} 和 τ_{12}、τ_{13}、τ_{22}、τ_{21}、τ_{31}、τ_{33} 的变化。图中排列熵值的大小使用不同的灰度表示，深色代表高排列熵值，图中可以看出 τ_{ij} 越大 τ_{lp} 越小时，输出序列的排列熵值越高，表明布尔混沌序列的复杂度越高。而且高复杂度布尔混沌在 τ_{ij} 参数空间和 τ_{lp} 参数空间中的分布范围是相互影响的，本章定义序列排列熵值 $H>0.95$ 为高复杂序列，图中黑色曲线为 $H=0.95$ 的等值线，随着 τ_{lp} 减小，τ_{ij} 参数空间中 $H>0.95$ 等值线内区域范围逐渐变宽，表明 τ_{lp} 减小可以提高相同 τ_{ij} 参数下输出序列的复杂程度，进而增大 τ_{ij} 参数空间中高复杂序列的分布范围，促进高复杂布尔混沌的稳定产生，反之，τ_{ij} 参数越大高复杂布尔混沌序列在 τ_{lp} 参数空间的分布范围越大。观察比较图中相同列的两幅排列熵分布图可以看到图3-9(a)与(d)、图3-9(b)与(e)具有相似的分布，表明节点 i、j 相互传输的两个延时 τ_{ij} 和 τ_{ji} 具有相似的调控效果。

为了直观地表明器件响应特性对布尔混沌复杂度的影响，以图3-9(a)为对象，观察了 τ_{12} 取值为2ns、3ns、4ns、5ns时排列熵值随 τ_{lp} 的变化曲线，以及 τ_{lp} 取值

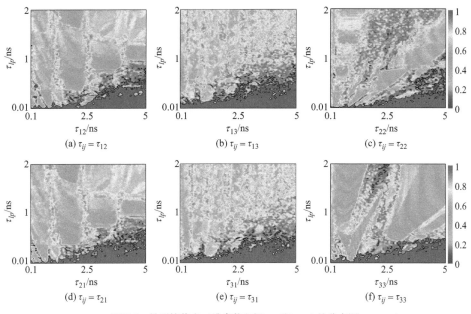

图 3-9 排列熵值在二维参数空间 τ_{lp} 和 τ_{ij} 上的分布图

为 0.01ns、0.2ns、0.4ns、0.6ns、0.8ns 时排列熵值随 τ_{12} 的变化曲线。图 3-10(a) 为 τ_{12} 取值为 2ns、3ns、4ns、5ns 时排列熵值随 τ_{lp} 的变化曲线，图中黑色虚线为排列熵值 $H=0.95$ 的等值线，可以看出，当 τ_{lp} 较小时不同曲线的纵坐标值均高于 0.95，当 τ_{lp} 的值小于 0.18ns 时排列熵的值增大至接近 1，然后基本保持不变；不同曲线对比可以看出，灰实线所示 τ_{12} 的取值为 5ns 时排列熵值大于 0.95 的区域最大，双点划线次之，点划线更小，黑实线最小，表明增大 τ_{12} 增强了高复杂布尔混沌序列在 τ_{lp} 参数空间的分布范围。图 3-10(b) 为 τ_{lp} 取值为 0.01ns、0.2ns、0.4ns、0.6ns、0.8ns 时排列熵值随 τ_{12} 的变化曲线，图中黑色虚线为 $H=0.95$ 的等值线，图中可以看出表示 τ_{lp} 取值为 0.01ns 的黑实线约为一条接近 1 的直线，表明当 τ_{lp} 取值很小时，不论 τ_{12} 的值如何变化，布尔混沌熵源输出序列的排列熵值均约为 1；对比不同 τ_{lp} 取值的曲线可以看出，分布在 $H=0.95$ 等值线上方区域随着 τ_{lp} 的减小逐渐增大，表明 τ_{lp} 取值越小，高熵布尔混沌序列在 τ_{12} 参数空间的分布范围越大。上述仿真实验表明高熵混沌参数空间互相影响，τ_{lp} 的减小可以增强高复杂布尔混沌在延时参数 τ_{12} 空间中的分布范围，同样 τ_{12} 的增大可以增强高复杂布尔混沌在器件响应特性参数 τ_{lp} 空间的中的分布范围。实际布尔混沌熵源电路中，延时需要使用逻辑器件来实现，且难以精确控制，因此使用响应特性快的逻辑门增大高复杂布尔混沌在延时参数空间的分布范围,进而降低布尔混沌的产生对延时参数的要求,有利于使用较少的延时器件实现高熵布尔混沌产生,增强布尔混沌复杂度,降低电路功耗。

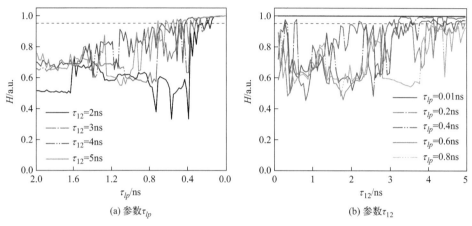

图 3-10 排列熵随参数的变化

此外,在图 3-10(a) 中可以看到,随着 τ_{lp} 减小曲线不是单调上升的,在上升过程中会有局部下降的现象,这一现象和图 3-9 中 $H=0.95$ 的等值线不光滑、图中存在零散的小面积深色区域分布的现象相符。我们推测出现这一现象的原因与除 τ_{12} 外其余 τ_{ij} 的取值有关。

因此,如图 3-11 所示,改变除 τ_{12} 外其余 τ_{ij} 的取值,如表 3-3 所示,观察排

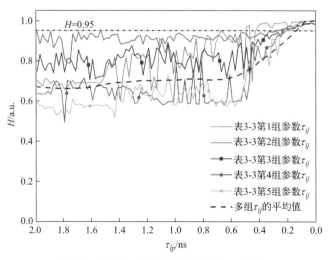

图 3-11 不同 τ_{ij} 取值下排列熵值随 τ_{lp} 的变化

列熵值随 τ_{lp} 的变化曲线。图中可以看出，随着 τ_{lp} 的减小，排列熵的值增大至接近 1 然后保持不变，在上升过程中会有局部下降的现象。不同 τ_{ij} 取值的曲线在上升至 1 的过程中的局部变化是各不相同的。图中黑色虚线为 100 组不同 τ_{ij} 取值的排列熵随着 τ_{lp} 变化的平均值曲线，曲线为一条光滑的上升曲线，表明随着 τ_{lp} 的减小，排列熵的值增大。

表 3-3　延时参数表Ⅲ　　　　　　　　　　　　单位：ns

参数组	τ_{12}	τ_{13}	τ_{21}	τ_{22}	τ_{31}	τ_{33}
1	4	0.07	0.05	0.97	0.19	0.21
2	4	1.07	0.43	0.57	2.19	0.10
3	4	0.1	2.09	0.05	0.3	0.9
4	4	0.07	2.02	0.97	0.19	0.21
5	4	0.31	0.98	0.53	0.37	1.08

（2）不同器件响应特性对布尔混沌复杂程度的影响

上述实验中设置 $\tau_{lp}=\tau_{lp,1}=\tau_{lp,2}=\tau_{lp,3}$，即对所有器件响应特性参数进行统一调节。为了研究各器件响应特性单独变化时对布尔混沌熵源的影响，观察了逻辑器件响应特性 $\tau_{lp,i}$ 单独变化时布尔混沌熵源输出序列的排列熵值的变化。初始器件响应特性参数设置为 $\tau_{lp,1}=\tau_{lp,2}=\tau_{lp,3}=0.25\mathrm{ns}$，延时参数设置如表 3-4 所示，观察布尔混沌熵源输出序列的复杂度随器件响应特性参数 $\tau_{lp,1}$、$\tau_{lp,2}$、$\tau_{lp,3}$ 的变化。

表 3-4　延时参数表Ⅳ　　　　　　　　　　　　单位：ns

参数组	τ_{12}	τ_{13}	τ_{21}	τ_{22}	τ_{31}	τ_{33}
1	0.02	0.07	2.02	0.97	0.19	0.21
2	2.5	1.07	0.43	0.57	2.19	0.10
3	0.5	0.1	2.09	0.05	0.3	0.9

如图 3-12 中，黑实线、双点划线、灰实线分别为图 3-1 中布尔混沌熵源节点 1 输出序列的排列熵值随节点 1、2 和 3 的器件响应特性参数 $\tau_{lp,1}$、$\tau_{lp,2}$、$\tau_{lp,3}$ 的变化曲线，点划线为同时调节节点 1、2 和 3 的器件响应特性参数 τ_{lp} 时排列熵值的变化曲线。图 3-12(a)、(b)、(c) 分别为延时参数取表 3-4 中第 1、2、3 组参数值时节点 1 的输出序列的排列熵值的变化曲线。从图 3-12(a)、(b)、(c) 中可以看出，$\tau_{lp}>$

0.23ns 时，点划线的排列熵值最低，τ_{lp}＜0.23ns 时，点划线的排列熵值逐渐高于其他三条曲线，且点划线达到的最高值大于其他三条线，表明所有器件响应特性参数同时减小对布尔混沌熵源输出序列的复杂度增强效果最显著。

对比分析图 3-12(a)、(b)、(c) 的不同，可以发现在布尔混沌熵源输出序列的复杂度提高的过程中有局部下降现象，且图 3-12(a)、(b)、(c) 中局部下降发生在横坐标的不同位置处，这与图 3-10 的结论一致，其原因为延时参数的不同使布尔混沌熵源输出序列的复杂度出现较大的波动。

图 3-12(d) 为取 100 组延时参数的值进行计算并求平均值得到的曲线，可以看到随着器件响应特性参数的减小排列熵值逐渐增大，其中点划线达到的最大值最大，表明同时减小布尔混沌熵源中所有节点的器件响应特性参数，可以最大程度提高布尔混沌熵源所有节点的输出序列的复杂度。

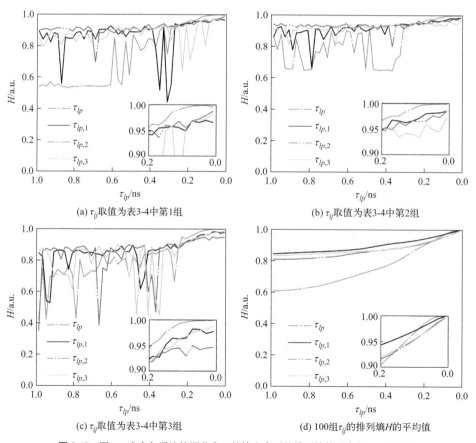

图 3-12 图 3-1 中布尔混沌熵源节点 1 的输出序列的排列熵值随参数 τ_{lp} 的变化

同样地，对图 3-1 中布尔混沌熵源节点 2 和 3 的输出序列的排列熵值随器件响应特性参数 τ_{lp}、$\tau_{lp,1}$、$\tau_{lp,2}$、$\tau_{lp,3}$ 的变化进行了观察，结果如图 3-13 和图 3-14 所示。图中可以看出各曲线的变化趋势和图 3-12 基本相同，所有曲线随着器件响应特性参数减小呈上升趋势，点划线的上升幅度最大，表明布尔混沌熵源三个节点的输出序列的复杂度变化趋势是一致的，图 3-12(d)、图 3-13(d)、图 3-14(d) 进行对比可以看出除点划线外，图 3-12(d) 中黑实线上升幅度和达到的最大值最高，图 3-13(d) 中双点划线上升幅度和达到的最大值最高，图 3-14(d) 中灰实线上升幅度和达到的最大值最高，表明单独减小一个节点的器件响应特性参数时对该节点本身的输出序列的复杂度增强效果高于对其他节点的输出序列的复杂度增强效果。

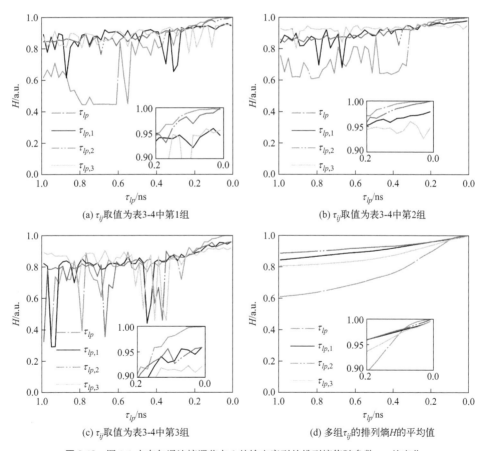

图 3-13　图 3-1 中布尔混沌熵源节点 2 的输出序列的排列熵值随参数 τ_{lp} 的变化

综上所述，延时参数不变时，减小器件响应特性参数值可以增强布尔混沌熵源输出序列的复杂度。其中，所有器件的响应特性同时减小对布尔混沌熵源复杂度的

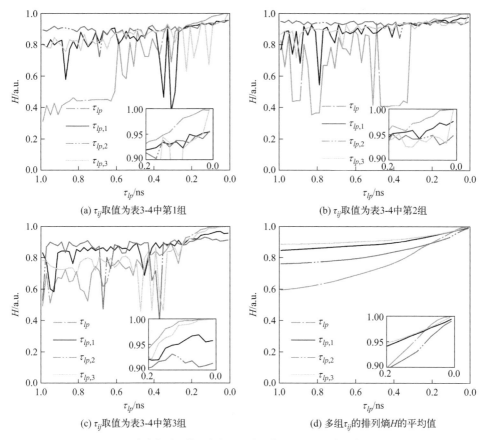

图 3-14 图 3-1 中布尔混沌熵源节点 3 的输出序列的排列熵值随参数 τ_{lp} 的变化

增强效果最好；当单独调节一个器件的响应特性时，器件 i 本身的响应特性参数 $\tau_{lp,i}$ 减小对该器件 i 的输出序列的复杂度增强效果最好。

3.3 布尔混沌带宽增强研究

布尔混沌带宽是布尔混沌熵源的重要特征，在物理随机数产生方面，大的布尔混沌带宽有利于提高布尔混沌熵源产生随机数的速率，因此本节研究了器件响应特性对布尔混沌带宽的影响。

图 3-15 为图 3-1 中布尔混沌熵源节点 1 的输出带宽（−10dB）随着器件响应特性参数的变化曲线图。图 3-15(a)、(b)、(c) 和（d）分别为延时参数取值为表 3-5 中第 1、2、3 和 4 组参数值时结果图。图中点划线所示，为对所有器件响应特性参数 τ_{lp}（$\tau_{lp}=\tau_{lp,1}=\tau_{lp,2}=\tau_{lp,3}$）进行统一调节时输出带宽的变化情况，其次我们观

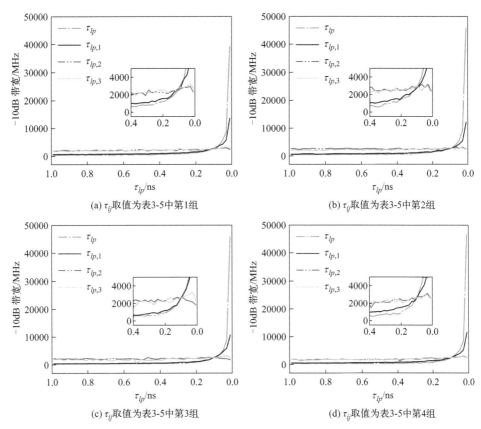

图 3-15　图 3-1 中布尔混沌熵源节点 1 的输出带宽（-10dB）随着器件响应特性参数 τ_{lp} 的变化

察了各器件响应特性参数 $\tau_{lp,i}$ 单独变化对输出带宽的影响，如图中黑实线、双点划线、灰实线分别表示随着 $\tau_{lp,1}$、$\tau_{lp,2}$、$\tau_{lp,3}$ 变化输出带宽的变化曲线，当一个器件响应特性参数单独变化时其余两个器件响应特性参数设置为 0.1ns。图中结果表明：

① 如图中点划线所示，可以看出随着 τ_{lp} 的减小布尔混沌带宽逐渐增大，当 τ_{lp} 减少至 0.1ns 时，随着 τ_{lp} 的继续减小，布尔混沌带宽迅速增大；

② 图中黑实线可以看出随着节点 1 的器件响应特性参数 $\tau_{lp,1}$ 减小，布尔混沌带宽逐渐增大，当 $\tau_{lp,1}>0.1$ns 时黑实线的值略高于点划线，而当 $\tau_{lp,1}<0.1$ns 时黑实线的值小于点划线的值。这是因为，黑实线表示 $\tau_{lp,1}$ 单独变化，此时节点 2 和 3 的器件响应特性参数 $\tau_{lp,2}$、$\tau_{lp,3}$ 为一恒定值 0.1ns，而点划线为 $\tau_{lp,1}$、$\tau_{lp,2}$、$\tau_{lp,3}$ 的取值同时变化，使得当 $\tau_{lp,1}<0.1$ns 时，黑实线中 $\tau_{lp,2}$、$\tau_{lp,3}$ 的值小于点划线中 $\tau_{lp,2}$、$\tau_{lp,3}$ 的值，而当 $\tau_{lp,1}>0.1$ns 时，黑实线中 $\tau_{lp,2}$、$\tau_{lp,3}$ 的值大于点划线中 $\tau_{lp,2}$、$\tau_{lp,3}$ 的值；

③ 图中双点划线和灰实线的值变化幅度很小表明节点 2 和节点 3 的器件响应

特性变化对节点 1 的输出带宽影响很小。

综上所述，对于布尔混沌熵源节点 1 的输出带宽，所有器件响应特性参数均减小对布尔混沌带宽增强效果最大，节点 1 的器件响应特性参数减小对布尔混沌带宽增强效果次之，节点 2 和 3 的器件响应特性参数减小对布尔混沌带宽增强效果不明显。

表 3-5 延时参数表 V   单位：ns

参数组	τ_{12}	τ_{13}	τ_{21}	τ_{22}	τ_{31}	τ_{33}
1	0.02	0.07	2.02	0.97	0.19	0.21
2	2.5	1.07	0.43	0.57	2.19	0.10
3	0.5	0.1	2.09	0.05	0.3	0.9
4	0.02	4.3	2.02	0.97	0.39	1.21

同样地，进一步观察了图 3-1 中布尔混沌熵源节点 2 和节点 3 的输出带宽变化情况，其结果分别如图 3-16 和图 3-17 所示。图 3-16 中可以看出：

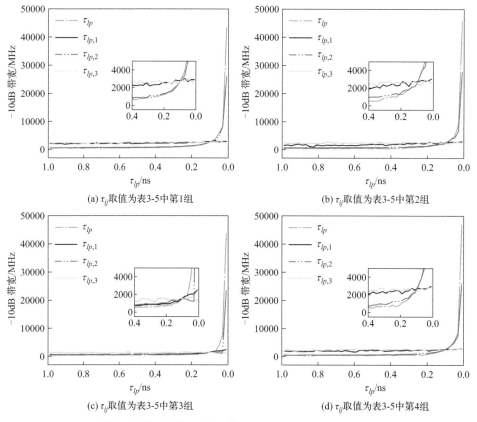

图 3-16 图 3-1 中布尔混沌熵源节点 2 的输出带宽（−10dB）随着器件响应特性参数 τ_{lp} 的变化

① 点划线变化幅度最大，表明所有节点的器件响应特性参数同时减小时对节点 2 的输出带宽增强效果最好；

② 图中双点划线可以看出随着节点 2 的器件响应特性参数 $\tau_{lp,2}$ 减小，节点 2 的输出带宽逐渐增大，当 $\tau_{lp,2}>0.1$ns 时双点划线的值略高于点划线，而当 $\tau_{lp,2}<0.1$ns 时双点划线的值小于点划线的值；

③ 图中黑实线和灰实线的值变化幅度很小，表明节点 1 和节点 3 的器件响应特性变化对节点 2 的输出带宽影响很小。

综上所述，对于布尔混沌熵源节点 2 的输出带宽，所有器件响应特性参数均减小对布尔混沌带宽的增强效果最大，节点 2 的器件响应特性参数 $\tau_{lp,2}$ 减小对布尔混沌带宽增强效果次之，节点 1 和 3 的器件响应特性参数减小对布尔混沌带宽增强效果不明显。

图 3-17 中可以看出与图 3-15 和图 3-16 中结果类似：

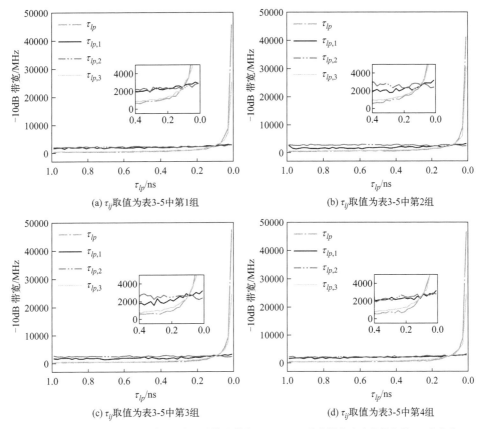

图 3-17　图 3-1 中布尔混沌熵源节点 3 的输出带宽（−10dB）随着器件响应特性参数 τ_{lp} 的变化

① 点划线变化幅度最大，表明所有节点的器件响应特性参数同时减小时对节点 3 的输出带宽增强效果最好；

② 图中灰实线可以看出随着节点 3 的器件响应特性参数 $\tau_{lp,3}$ 减小，节点 3 的输出带宽逐渐增大，当 $\tau_{lp,3}>0.1$ns 时灰实线的值略高于点划线，而当 $\tau_{lp,3}<0.1$ns 时灰实线的值小于点划线的值；

③ 图中黑实线和双点划线的值变化幅度很小，表明节点 1 和节点 2 的器件响应特性变化对节点 3 的输出带宽影响很小。

综上所述对于布尔混沌熵源节点 3 的输出带宽，所有器件响应特性参数均减小对布尔混沌带宽增强效果最大，节点 3 的器件响应特性参数减小对布尔混沌带宽增强效果次之，节点 1 和 2 的器件响应特性参数减小对布尔混沌带宽增强效果不明显。

3.4　本章小结

本章创新性研究及结果如下。

首先，仿真研究了器件响应特性对布尔混沌熵源输出的影响。分岔图及时序频谱相图分析表明，随着器件响应特性参数 τ_{lp} 的减小，即器件响应时间的减短，输出进入混沌，延时参数的取值不同时，混沌窗口在器件响应特性参数空间的分布范围不同，在本章实验中选取的两组时延参数下，分别当 $\tau_{lp}<0.115$ns 和 $\tau_{lp}<0.248$ns 时，输出为混沌状态；其次，研究了器件响应特性对布尔混沌熵源序列复杂程度和带宽的影响，利用排列熵 H 表征输出序列复杂程度，结果表明，器件响应特性参数减小，可以增强高熵布尔混沌在延时参数空间的分布范围，增强布尔混沌熵源输出的复杂度，提高布尔混沌熵源的输出带宽。

研究结果对布尔混沌熵源设计中逻辑器件的选择提供了理论依据，在随机数产生的应用中，随机数是信息加密过程中的关键组成部分，随机数的产生速率和不可预测性是信息加密安全性的重要保障，基于本章的研究，选择响应特性快的逻辑器件，可以提高布尔混沌熵源输出序列复杂程度，增强布尔混沌带宽，进而提高随机数的随机性和产生速率。

第 4 章　布尔混沌熵源的鲁棒性研究

4.1　布尔混沌熵源结构

4.2　布尔混沌熵源的鲁棒性分析

4.3　噪声影响布尔混沌熵源鲁棒性的物理机制

4.4　布尔混沌熵源的鲁棒性提高

4.5　本章小结

布尔混沌熵源的鲁棒性是指熵源在噪声的影响下能够稳定地产生混沌序列，是稳定产生高质量随机数的前提。布尔混沌熵源的硬件系统是由逻辑器件组成的数字电路，电路中噪声是固然存在的且不可避免的。众所周知，混沌具有初值敏感性，在硬件系统中，初值的改变源于电路中的噪声。因此，布尔混沌熵源对噪声非常敏感，噪声会使布尔混沌熵源的输出发生变化，这种变化可能是混沌向混沌的变化、混沌向周期的变化、周期向混沌的变化、周期向周期的变化。显然，混沌向周期的变化会降低布尔混沌熵源的鲁棒性，使得熵源在噪声的影响下不能稳定地产生混沌序列，降低随机数的产生质量甚至不能产生随机数。

综上所述，研究布尔混沌熵源的鲁棒性是非常重要的，本章通过模型仿真详细分析了噪声影响下布尔混沌熵源产生混沌序列的稳定性，进一步理论分析了噪声致使布尔混沌不稳定的内在机制，在此基础上提出了增强布尔混沌熵源鲁棒性的方法。

4.1 布尔混沌熵源结构

张琪琪等在 2019 年提出一种无自反馈结构的布尔混沌熵源，该熵源由 1 个二输入异或非节点和 $N-1$ 个二输入异或节点构成，节点之间两两互耦合形成环形拓扑结构[114]。该结构便于增加和减少布尔混沌熵源中节点的数量，这里选取 $N=3$ 的小型布尔混沌熵源作为研究对象，如图 4-1 所示，布尔混沌熵源硬件电路中节点 2 和 3 执行异或运算，使用异或逻辑门实现，节点 1 执行异或非运算，使用异或非逻辑门实现。参数 τ_{ij} 表示从器件 j 到器件 i 的传输延时。

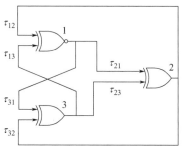

图 4-1 小型布尔混沌熵源电路图

图 4-1 中，布尔混沌熵源电路的分段线性微分方程数学模型表示为式(4-1) 和式(4-2)。式中，"⊙"表示异或非运算；"⊕"表示异或运算；$\tau_{lp,1}$、$\tau_{lp,2}$、$\tau_{lp,3}$ 分

别为逻辑器件 1、2、3 的器件响应特性参数；$x_1(t)$、$x_2(t)$、$x_3(t)$ 分别为图 4-1 中逻辑器件 1、2、3 的输出信号；$X_1(t)$、$X_2(t)$、$X_3(t)$ 为对输出信号 $x_1(t)$、$x_2(t)$、$x_3(t)$ 进行量化后的相邻节点的输入信号；$x_{th}=0.5$V 为阈值电压；τ_{ij} 和图 4-1 中含义相同，表示从器件 j 到器件 i 的信号传输延时，也即延时参数。

$$\begin{cases} \tau_{lp,1} \dfrac{\mathrm{d}x_1(t)}{\mathrm{d}t} = -x_1(t) + X_2(t-\tau_{12}) \odot X_3(t-\tau_{13}) \\ \tau_{lp,2} \dfrac{\mathrm{d}x_2(t)}{\mathrm{d}t} = -x_2(t) + X_1(t-\tau_{21}) \oplus X_3(t-\tau_{23}) \\ \tau_{lp,3} \dfrac{\mathrm{d}x_3(t)}{\mathrm{d}t} = -x_3(t) + X_2(t-\tau_{32}) \oplus X_1(t-\tau_{31}) \end{cases} \quad (4\text{-}1)$$

$$X_i(t) = \begin{cases} 1, & x_i(t) > x_{th} \\ 0, & x_i(t) < x_{th} \end{cases} \quad (4\text{-}2)$$

首先，观察了上述布尔混沌熵源模型中产生的混沌，设置器件响应特性参数 $\tau_{lp,1}=\tau_{lp,2}=\tau_{lp,3}=0.2$ns，延时参数取值如表 4-1 所示，图 4-2 为图 4-1 中布尔混沌熵源节点 1 的输出时序、频谱，图中可以看出在该参数取值下布尔混沌熵源的输出为混沌状态。

表 4-1　延时参数表 I　　　　　　　　　　　　　　　单位：ns

τ_{12}	τ_{13}	τ_{21}	τ_{23}	τ_{31}	τ_{32}
0.07	0.2	5.02	0.97	0.19	0.21

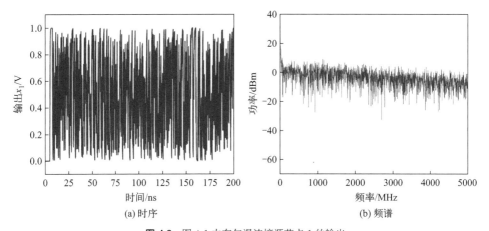

(a) 时序　　　　　　　　　　　　(b) 频谱

图 4-2　图 4-1 中布尔混沌熵源节点 1 的输出

4.2 布尔混沌熵源的鲁棒性分析

布尔混沌熵源在实际工作中不可避免地受到噪声的影响，噪声会使布尔混沌熵源的输出发生变化，首先通过仿真研究了噪声对图 4-1 所示布尔混沌熵源输出的影响，仿真中加入随机噪声，观察布尔混沌熵源输出的变化。

在不同延时参数取值下布尔混沌熵源的输出状态是不同的。为了研究在不同延时参数值下布尔混沌熵源对噪声的鲁棒性，观察了二维延时参数空间 (τ_{12}, τ_{13})、(τ_{23}, τ_{21}) 和 (τ_{31}, τ_{32}) 中随机噪声对布尔混沌熵源输出序列的排列熵值的影响。除变化的参数外其余延时参数取值如表 4-1 所示，器件响应特性参数取值为 0.2ns。

图 4-3 为二维延时参数空间 (τ_{12}, τ_{13})、(τ_{23}, τ_{21}) 和 (τ_{31}, τ_{32}) 中随机噪声影响前后图 4-1 中，布尔混沌熵源节点 1 的输出序列排列熵值的变化。排列熵的值用灰度表示，如图中灰度值条所示，深色表示排列熵值较高，浅色表示排列熵值较低。图中可以看出：

① 图 4-3(a1)~(a3) 分别为没有噪声影响时布尔混沌熵源节点 1 的输出序列 x_1 的排列熵值 H_1 在延时参数空间 (τ_{12}, τ_{13})、(τ_{23}, τ_{21}) 和 (τ_{31}, τ_{32}) 中的分布情况，二维延时参数空间中排列熵值的分布是不连续的。在深色代表的高熵区域中，混杂了浅色代表的低熵区域，称之为低熵小岛。同样，在低熵区域也存在高熵小岛。

② 图 4-3(b1)~(b3) 分别为在有噪声影响的布尔混沌熵源节点 1 的输出序列 x_1 的排列熵 H_2 在二维延时参数空间 (τ_{12}, τ_{13})、(τ_{23}, τ_{21}) 和 (τ_{31}, τ_{32}) 中的分布，与图 4-3(a1)~(a3) 中的结果相似，二维延时参数空间中排列熵值的分布是不连续的，而且图中较大的连续的高熵区域和低熵区域的分布范围和分布形状基本相同。但是，在离散的、较小的高熵区域和低熵区域，以及高熵区域和低熵区域的交界处，排列熵的值发生了较大的变化。

③ 为了更直观地显示噪声对布尔混沌熵源输出序列排列熵值的影响，图 4-3(c1)~(c3) 显示了噪声影响前后布尔混沌熵源的输出 x_1 的排列熵值的差 $H_2 - H_1$ 的灰度分布图，如图中色条所示颜色越接近白色，$H_2 - H_1$ 的值越大，表明排列熵的值增加的越多；相反，颜色越接近黑色，表明排列熵的值减少得越多。图中可以看出在连续的高熵区域和低熵区域噪声对布尔混沌熵源输出序列的排列熵值影响很小，在低熵小岛、高熵小岛和高熵区域与低熵区域交界处的排列熵值变化显著。

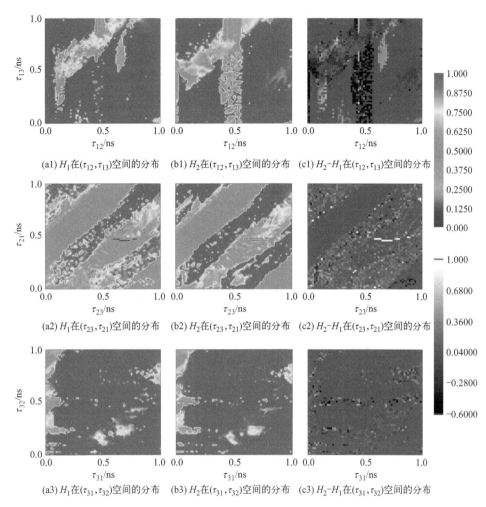

图 4-3　图 4-1 中布尔混沌熵源节点 1 的输出序列 x_1 无噪声影响时的排列熵值 H_1，有噪声影响时的排列熵值 H_2，及两者的差异 H_2-H_1 的值在二维延时参数空间的分布

显然，在图 4-3(c1)～(c3) 中排列熵值变化较大的区域，布尔混沌熵源的输出状态可能发生变化。为了直观观察图 4-3 中排列熵值变化幅度不同的位置布尔混沌熵源的输出状态的变化，以延时参数空间（τ_{12}，τ_{13}）为例，对参数空间中不同位置处对应的噪声影响前后图 4-1 中布尔混沌熵源节点 1 的输出序列 x_1 进行了观察，如图 4-4、图 4-5 和图 4-6 所示。

图 4-4 为延时参数空间（τ_{12}，τ_{13}）中大范围的连续的高熵区域中噪声对布尔混沌熵源输出序列的影响，即图 4-3(c1) 中灰色区域，满足噪声影响前后输出序列的排列熵值变化较小，即 $|H_2-H_1|<0.1$，且噪声影响前后排列熵值较高，$H_1>0.9$、

$H_2 > 0.9$ 的位置处。图 4-4(a) 为噪声影响前后布尔混沌熵源节点 1 的输出序列 x_1 和 x_1^{noise}，图 4-4(b) 为 x_1 的频谱，图 4-4(c) 为两个输出序列的差 $x_1^{\text{noise}} - x_1$，图 4-4(d) 为 x_1^{noise} 的频谱。图 4-4(a) 中可以看出噪声影响前后布尔混沌熵源的输出序列均为混沌序列，图 4-4(c) 中可以看到差值开始为 0，随着时间的推移差值的绝对值增大，表明混沌序列 x_1^{noise} 和 x_1 随着时间的推移轨迹完全分离，变得不可预测；图 4-4(b) 和 (d) 中 x_1 和 x_1^{noise} 的频谱平坦没有尖峰表明序列的无周期性。分析表明在连续的高熵区域，布尔混沌熵源对噪声具有良好的鲁棒性，在噪声影响下能够稳定地产生混沌序列，且混沌序列随着时间的推移逐渐分离为不同的轨迹。

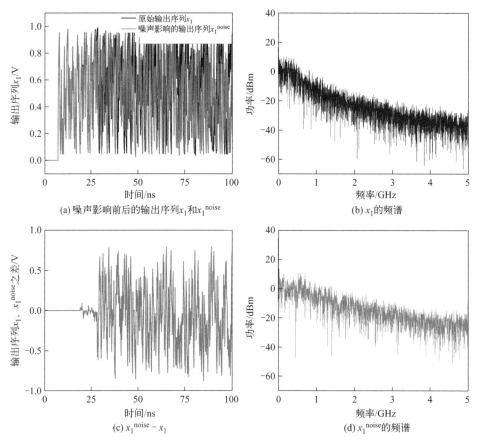

图 4-4 延时参数空间中连续的高熵区域中噪声对布尔混沌熵源输出的影响

图 4-5(a)～(d) 为图 4-3(c) 中的白色像素位置处，即排列熵值发生较大增长的位置处噪声对布尔混沌熵源的输出序列的影响。图 4-5(a) 和 (b) 分别为没有噪声影响时布尔混沌熵源的输出序列 x_1 及其频谱，图 4-5(c) 和 (d) 分别为噪声影

响的布尔混沌熵源的输出 x_1^{noise} 及其频谱。显然图 4-5(a) 为周期序列，其频谱有明显的尖峰，图 4-5(c) 为混沌序列，其频谱连续且平坦。结果表明在排列熵值发生较大增长的位置处，噪声的影响使布尔混沌熵源的输出状态由周期变为混沌。

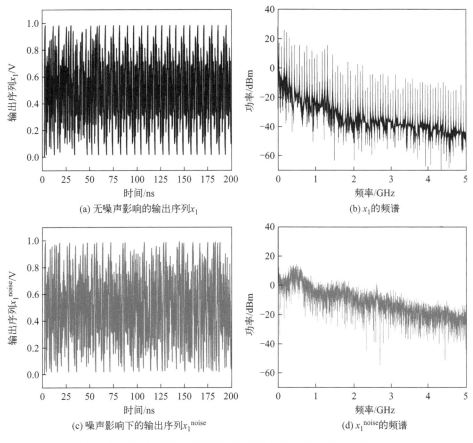

图 4-5　对应于图 4-3(c) 中白色像素点处噪声对布尔混沌熵源输出的影响

图 4-6(a)～(d) 为图 4-3(c) 中的黑色像素位置处，即排列熵值发生较大减小的位置处噪声对布尔混沌熵源的输出序列的影响。图 4-6(a) 和 (b) 分别为没有噪声影响时布尔混沌熵源的输出序列 x_1 及其频谱，图 4-6(c) 和 (d) 分别为噪声影响的布尔混沌熵源的输出 x_1^{noise} 及其频谱。图 4-6(a) 和 (b) 可以看出无噪声影响时输出 x_1 为混沌序列，其频谱连续且平坦，图 4-6(c) 和 (d) 中可以看出噪声影响下输出 x_1^{noise} 为周期序列，其频谱有明显的尖峰。结果表明在图 4-3(c) 中的黑色像素位置处，即排列熵值发生较大减小的位置处，噪声的影响使布尔混沌熵源的输出状态由混沌变为周期，表明布尔混沌熵源在噪声影响下不能稳定的产生混沌状

态,缺乏对噪声的鲁棒性。

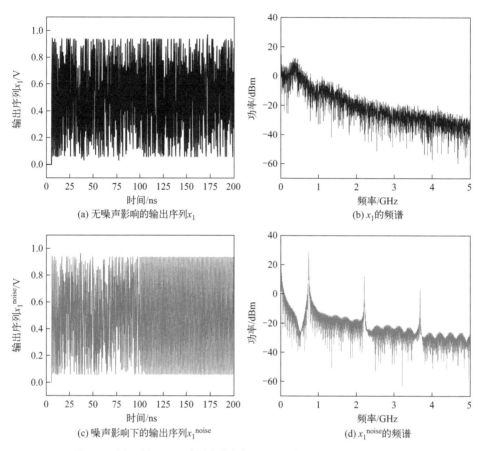

图 4-6 对应于图 4-3(c) 中黑色像素点处噪声对布尔混沌熵源输出的影响

4.3 噪声影响布尔混沌熵源鲁棒性的物理机制

由 4.2 节中的分析可知 $N=3$ 的小型布尔混沌熵源在延时参数空间的一些位置处缺乏对噪声的鲁棒性,使得输出状态可能由混沌变为周期,不利于布尔混沌熵源安全稳定地产生随机数。本节对小型布尔混沌熵源缺乏对噪声鲁棒性的原因进行了理论分析。

布尔混沌熵源电路中的电子噪声会引起输出幅度和相位的变化,相位变化在时域上表现为上升沿和下降沿的边沿抖动。

如图 4-7 所示,假设位于上方的信号是节点 i 在 t_1 时刻输出的一个上升沿信号,节点 j 与节点 i 相邻,则该信号经过两个节点之间的传输延时 τ_{ji} 可在时刻 t_2

引起相邻节点 j 的状态改变,假设下降沿信号如图中位于下方的波形所示,此时延时参数 $\tau_{ji}=t_2-t_1$。但是由于抖动的存在,节点 j 的信号下降沿的发生时间会产生偏移,抖动的大小服从正态分布 $N(t_2,\sigma^2)$,图中阴影部分为在抖动影响下信号下降沿的位置,此时实际延时为 $\tau_{ji}'=\tau_{ji}+$抖动时间。显然,噪声引起的相位变化引起了延时参数 τ_{ji} 的微小变化。在图 4-3 中可以看出小型布尔混沌熵源在延时参数空间的分布是不连续的,可以推测在小型的离散的高熵区域以及高熵区域和低熵区域的交界处,延时参数的微小变化会使延时参数由混沌参数空间跳变到非混沌参数空间,由此使输出状态产生混沌向周期的转换。同理,在延时参数空间中周期状态分布不连续的区域,延时参数的微小变化会导致 τ_{ij} 由周期参数空间跳变到混沌参数空间,使输出状态产生周期向混沌的转换。可见,延时参数在混沌参数空间和周期参数空间的变化,导致布尔混沌熵源输出状态在周期和混沌之间转换,不能稳定产生混沌序列。

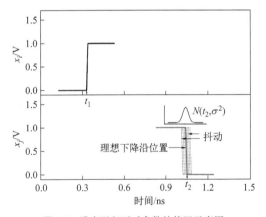

图 4-7 噪声引起延时参数的偏置示意图

为了验证延时参数 τ_{ji} 在混沌参数和周期参数之间的转换,使用分岔图对噪声影响前后布尔混沌熵源的输出进行了观察分析。分岔图的纵坐标为相邻上升沿之间的时间距离,计算方法见 3.1 节。图 4-8(a1) 和 (b1) 分别为图 4-1 中布尔混沌熵源在没有噪声影响和有噪声影响时节点 1 的输出随着延时参数 τ_{12} 变化的分岔图,其他延时参数取值如表 4-1 所示,器件响应特性参数均设为 0.1ns。图 4-8(a1) 和 (b1) 对比可以看出在周期和混沌窗口的临界位置处,延时参数在混沌参数和周期参数之间相互变化。图 4-8(a2) 和 (b2) 分别为图 4-8(a1) 和 (b1) 在 $\tau_{12}=2.1\sim2.3$ns 的局部放大图,图中可以看到延时参数 $\tau_{12}=2.16$ns 在噪声影响下由混沌参数变为周期参数，延时参数 $\tau_{12}=2.26\text{ns}$ 在噪声影响下由周期参数变为混沌参数。这是因为在图 4-8(a) 中没有噪声影响时实际的延时参数即 τ_{ji} 本身，在图 4-8(b) 中噪声影响使得实际的延时参数变成 $\tau'_{ji}=\tau_{ji}+$ 抖动时间。因此噪声使延时参数的混沌参数范围发生改变，进而使布尔混沌熵源的输出状态在混沌和周期之间转换。

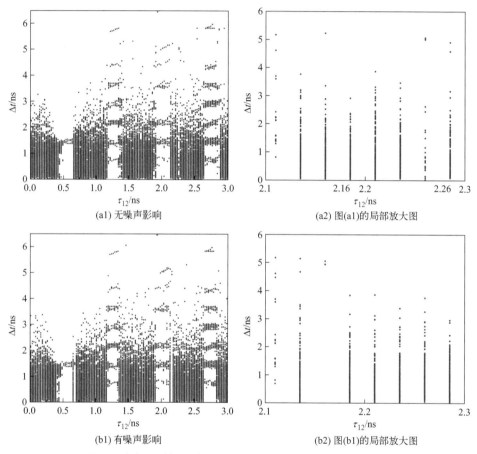

图 4-8　布尔混沌熵源节点 1 的输出随着延时参数 τ_{12} 变化的分岔图

4.4　布尔混沌熵源的鲁棒性提高

布尔混沌熵源缺乏对噪声的鲁棒性会使其输出状态由混沌退化为周期，给随机数的安全性带来隐患，当电路中噪声使布尔混沌熵源输出状态由混沌退化为周期，将不能产生随机数，另外攻击者也可能通过引入噪声的攻击手段破坏布尔混沌熵源的安全性。

为了使布尔混沌熵源安全稳定地产生随机数，本节通过仿真和实验研究了如何提高布尔混沌对噪声的鲁棒性。4.3 节的研究表明当布尔混沌在延时参数空间的分布不连续时，布尔混沌熵源缺乏对噪声的鲁棒性，因此本章通过研究如何增强布尔混沌在延时参数空间的分布范围和连续性，进而提高布尔混沌熵源对噪声的鲁棒性。

4.4.1 提高布尔混沌熵源鲁棒性仿真研究

逻辑器件是布尔混沌系统的非线性元件，在布尔混沌系统中，非线性元件是产生混沌序列的关键。因此，本节研究了逻辑器件的数量和器件响应特性对布尔混沌熵源鲁棒性的影响。

图 4-9 为 N 个节点构成的布尔混沌熵源拓扑结构图，每个节点包含两个输入和两个输出，与其相邻的两个节点耦合，形成一个环形拓扑结构。图中所示序号 i 标识不同的节点，布尔混沌熵源中节点 1 使用二输入二输出异或非逻辑器件实现，其他 $N-1$ 个节点使用二输入二输出异或逻辑器件实现，因此节点数量参数 N 也表示逻辑器件数量，互耦合的拓扑结构能够非常灵活地增加和减少节点的数量，便于研究逻辑器件数量对布尔混沌熵源鲁棒性的影响。

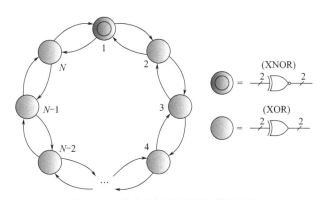

图 4-9 N 节点布尔混沌熵源拓扑结构图

图 4-9 中布尔混沌熵源的分段线性微分方程数学模型如式(4-3)～式(4-6) 所示。式中，"⊙"表示异或非运算；"⊕"表示异或运算；参数 $\tau_{lp,i}$ 为节点 i 处逻辑器件 i 的器件响应特性参数；$x_i(t)$ 表示器件 i 的输出信号；$X_i(t)$ 为对输出信号 $x_i(t)$ 进行量化后的节点 i 的相邻节点的输入信号；$x_{th}=0.5\text{V}$ 为阈值电压；参数 τ_{ij} 表示从节点 j 到节点 i 的信号传输延时，也即延时参数。

$$\tau_{lp,1}\frac{\mathrm{d}x_1(t)}{\mathrm{d}t}=-x_1(t)+X_2(t-\tau_{1,2})\odot X_N(t-\tau_{1,N}) \tag{4-3}$$

$$\tau_{lp,i}\frac{\mathrm{d}x_i(t)}{\mathrm{d}t}=-x_i(t)+X_{i+1}(t-\tau_{i,i+1})\oplus X_{i-1}(t-\tau_{i,i-1})$$

$$(i=2,3,\cdots,N-1) \tag{4-4}$$

$$\tau_{lp,N}\frac{\mathrm{d}x_N(t)}{\mathrm{d}t}=-x_N(t)+X_1(t-\tau_{N,1})\oplus X_{N-1}(t-\tau_{N,N-1}) \tag{4-5}$$

$$X_i(t)=\begin{cases}1, & x_i(t)>x_{th}\\0, & x_i(t)\leqslant x_{th}\end{cases}\quad(x_{th}=0.5) \tag{4-6}$$

由 4.2 节可知，在高熵布尔混沌分布范围较广且连续的延时参数区域布尔混沌熵源具有良好的鲁棒性。因此，本节首先研究了逻辑器件个数 N 对高熵区域分布范围的影响。分析式(4-3)～式(4-6)可知，当 N 不是 3 的整数倍时，式(4-3)～式(4-6)有稳定解，该稳定解为布尔混沌系统的平衡点，此时系统会输出恒定电平，不能产生持续振荡。而当 N 为 3 的整数倍时，式(4-3)～式(4-6)没有稳定解，因此研究中设置 N 为 3 的整数倍。

布尔混沌熵源有多个延时参数，N 越大延时参数个数越多，用标准差 σ 表征由 N 个逻辑器件组成的布尔混沌熵源中所有延时参数 $\tau_{ij}(i=1,2,3,\cdots,N;j=1,2,3,\cdots,N)$ 之间的差异，图 4-10 为 N 取不同值的布尔混沌熵源中，输出序列 x_1 的排列熵值随着 σ 的变化曲线。图中可以看出排列熵值 H 随 σ 的增大而增大直到

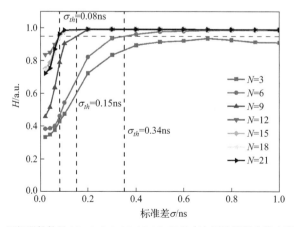

图 4-10 逻辑器件数量 $N=3,6,9,12,15,18,21$ 的布尔混沌熵源中输出序列 x_1 的
排列熵值随着延时参数之间的标准差 σ 的变化
σ_{th} 表示使 H 大于 0.95 的最小 σ 值

H 接近 1 后趋于稳定。图中标出了使 H 大于 0.95 的最小 σ，用 σ_{th} 表示，不同曲线对比可以看出，随着逻辑器件数量增大，σ_{th} 的值减小，当 $N \geqslant 12$ 时，N 持续增加，σ_{th} 几乎不变，此时 σ_{th} 约为 0.08ns。这里定义高熵区域的范围为排列熵值大于 0.95 时的参数空间范围，用 S 表示。式(4-7)为高熵区域 S 的计算公式，分析计算公式可知，当 σ_{th} 越小，则高熵区域 S 越大，结合图 4-10 可以看出随着布尔混沌熵源中逻辑器件的个数 N 增加，高熵区域在延时参数空间分布范围 S 增大。

$$S = \sum_{\tau_{ij}} \sigma \geqslant \sigma_{th} \tag{4-7}$$

为了直观地展示布尔混沌熵源中逻辑器件的个数 N 增加时，高熵布尔混沌在延时参数空间分布情况的变化，以及布尔混沌熵源的鲁棒性的提高，观察了随着 N 增加排列熵值在二维延时参数空间（τ_{12}, τ_{13}）中的分布情况，实验中设置器件响应特性参数为 0.2ns，初始延时参数值如表 4-2 中所示。仿真中改变 τ_{12}、τ_{13} 的值，研究了 N 为 3，6，9，12，15 时排列熵值在延时参数空间（τ_{12}, τ_{13}）中的分布情况。

表 4-2 延时参数 II

τ_{ij}/ns	排列熵值	τ_{ij}/ns	排列熵值	τ_{ij}/ns	排列熵值	τ_{ij}/ns	排列熵值	τ_{ij}/ns	排列熵值
$\tau_{1,2}$	0.61	$\tau_{5,6}$	0.39	$\tau_{9,10}$	0.32	$\tau_{13,14}$	0.44	$\tau_{1,9}$	0.38
$\tau_{2,1}$	0.82	$\tau_{6,5}$	0.74	$\tau_{10,9}$	0.56	$\tau_{14,13}$	0.55	$\tau_{9,1}$	0.70
$\tau_{2,3}$	0.71	$\tau_{6,7}$	0.48	$\tau_{10,11}$	0.57	$\tau_{14,15}$	0.77	$\tau_{1,12}$	0.38
$\tau_{3,2}$	0.61	$\tau_{7,6}$	0.78	$\tau_{11,10}$	0.66	$\tau_{15,14}$	0.64	$\tau_{12,1}$	0.92
$\tau_{3,4}$	0.90	$\tau_{7,8}$	0.56	$\tau_{11,12}$	0.88	$\tau_{1,3}$	0.38	$\tau_{1,15}$	0.38
$\tau_{4,3}$	0.45	$\tau_{8,7}$	0.32	$\tau_{12,11}$	0.92	$\tau_{3,1}$	0.62	$\tau_{15,1}$	0.37
$\tau_{4,5}$	0.30	$\tau_{8,9}$	0.44	$\tau_{12,13}$	0.64	$\tau_{1,6}$	0.38		
$\tau_{5,4}$	1.07	$\tau_{9,8}$	0.70	$\tau_{13,12}$	0.74	$\tau_{1,6}$	0.75		

图 4-11(a1)～(a5) 分别为 $N=3$，6，9，12，15 时，在无噪声影响情况下，图 4-9 中布尔混沌熵源节点 1 的输出 x_1 的排列熵值 H_1 在二维延时参数空间（τ_{12}, τ_{13}）中分布情况，图 4-11(b1)～(b5) 为布尔混沌熵源节点 1 在有噪声影响时的输出 x_1^{noise} 的排列熵值 H_2 在二维延时参数空间（τ_{12}, τ_{13}）中的分布情况，图中可以看出随着 N 的增大，在二维延时参数空间（τ_{12}, τ_{13}）中深灰色的高熵区域分布范围和连续性都增强了，当节点数量大于 12 时，高熵区域连续分布在整个延时参数

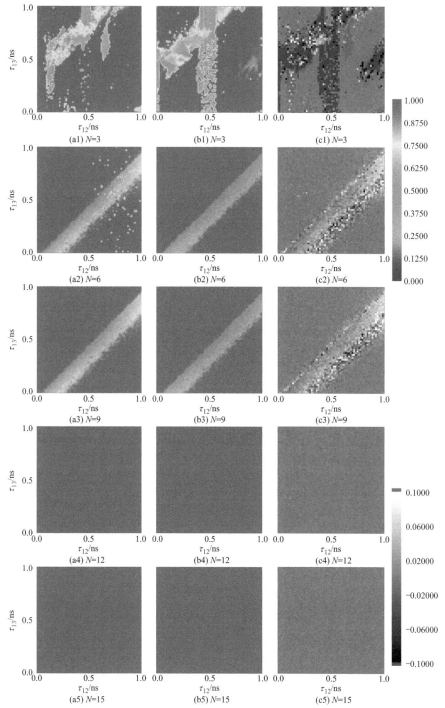

图 4-11 图 4-9 N 个逻辑器件组成的布尔混沌熵源节点 1 的输出序列 x_1 无噪声影响时的排列熵值 H_1，噪声影响时的排列熵值 H_2，及两者的差值 $H_2 - H_1$ 在延时参数空间（τ_{12}，τ_{13}）的分布影响

空间中。

图 4-11(c1)～(c5) 为相应于图 4-11(a1)～(a5) 和图 4-11(b1)～(b5) 中的排列熵值的差 H_2-H_1 在二维延时参数空间 (τ_{12}, τ_{13}) 中的分布图。如图中色条所示，越接近白色表示排列熵值增长越多，当排列熵值增长大于 0.1 使用深灰色像素表示，越接近黑色表示排列熵值减小越多，当排列熵值减小值大于 0.1 用黑色像素表示，随着节点数量的增多，图中深灰色区域和黑色区域逐渐减小，表明排列熵值发生剧烈变化（$|H_2-H_1|>0.1$）的区域越来越少，即系统不稳定区域越来越少，当 N 大于 12 时，图 4-11(c4) 和 (c5) 中没有深灰色和黑色区域，在整个延时参数空间中排列熵值的变化值均小于 0.1，且相应的图 4-11(a4)、(a5)、(b4) 和 (b5) 中全部为深灰色的高熵区域，表明此时布尔混沌熵源能稳定地产生高熵值的混沌，布尔混沌熵源具有良好的鲁棒性。综上所述，证明布尔混沌熵源逻辑器件个数 N 的增大，可以扩大高熵布尔混沌在延时参数空间的分布范围和连续性，进而增强布尔混沌熵源鲁棒性。在仿真实验中选取多组延时参数值进行了观察，均可以得到上述结论。

接下来，研究逻辑器件响应特性参数对延时参数空间中高熵区域的分布的影响，对所有器件响应特性参数 τ_{lp} 同时调节。如图 4-12(a)、(b)、(c) 和 (d) 分别为 $N=3$、6、9、12 的图 4-9 中布尔混沌熵源的节点 1 的输出 x_1 的排列熵 H_1 随着逻辑器件响应特性参数 τ_{lp} 和延时参数标准差 σ 的变化，排列熵的值由不同的灰度表示，图中黑色虚线为排列熵值等于 0.95 即 σ_{th} 的等值线，可以看出随着逻辑器件响应特性参数减小 σ_{th} 增大，进而根据式(4-7) 可得布尔混沌在延时参数空间的分布范围 S 增大。图 4-12(a)、(b)、(c) 和 (d) 之间比较可以看出，随着 N 增大，逻辑器件响应特性参数减小对 σ_{th} 的影响减弱。结果表明，当布尔混沌熵源逻辑器件的数量较少时，如图中 $N=3$、6 时，减小逻辑器件响应特性参数，σ_{th} 大幅减小，可有效增大布尔混沌熵源中高熵混沌在延时参数空间的分布范围 S，从而达到提高布尔混沌熵源鲁棒性的效果。而在 N 较大的布尔混沌熵源中，如图中 $N=9$、12 时，减小逻辑器件响应特性参数对 S 调节作用较小。因此，在布尔混沌熵源设计中使用响应速度快的逻辑器件有利于使用更少的逻辑器件构成具有鲁棒性的布尔混沌熵源。

为了直观地展示器件响应特性参数 τ_{lp} 减小对高熵区域在延时参数空间分布范围的增大效果并验证布尔混沌熵源对噪声的鲁棒性的提高，以 $N=3$ 为例，观察了

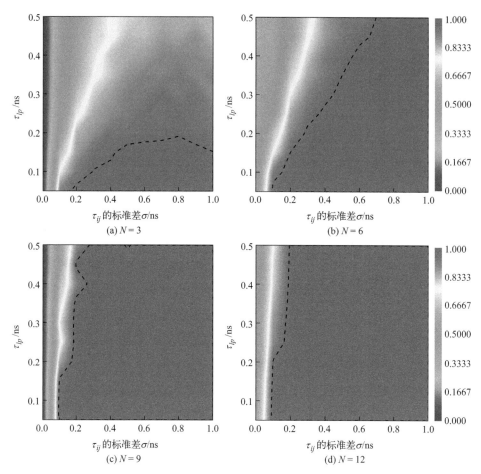

图 4-12 图 4-9 中不同维数的布尔混沌熵源中逻辑器件响应特性参数 τ_{lp} 对布尔混沌在延时参数空间的分布范围的影响

随着 τ_{lp} 减小噪声影响前后图 4-9 中布尔混沌熵源节点 1 的输出的排列熵值在二维延时参数空间（τ_{12}，τ_{13}）中的分布情况，如图 4-13 所示，其余延时参数取值为表 4-3 中所示。

表 4-3 延时参数表Ⅲ   单位：ns

τ_{12}	τ_{13}	τ_{21}	τ_{23}	τ_{31}	τ_{32}
0.2	0.05	5.7	1.07	0.19	0.21

图 4-13(a1)~(a5) 分别为 $\tau_{lp}=0.2$ns、0.15ns、0.1ns、0.05ns、0.01ns 时布尔混沌熵源在无噪声影响时图 4-9 中布尔混沌熵源节点 1 的输出 x_1 的排列熵值 H_1

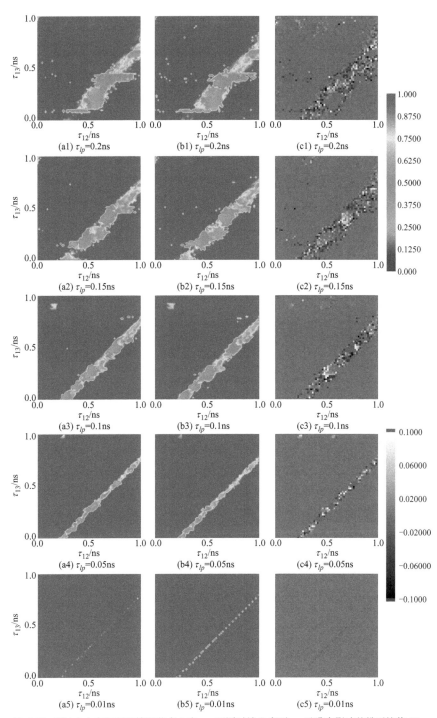

图 4-13 图 4-9 中布尔混沌熵源节点 1 中 τ_{lp} 不同时输出序列 x_1 无噪声影响的排列熵值 H_1，噪声影响的排列熵值 H_2，及 $H_2 - H_1$ 在延时参数空间 (τ_{12}, τ_{13}) 的分布情况

在二维延时参数空间（τ_{12}，τ_{13}）中分布情况，图 4-13(b1)～(b5) 为布尔混沌熵源节点 1 在有噪声影响时的输出 x_1^{noise} 的排列熵值 H_2 在二维延时参数空间（τ_{12}，τ_{13}）中的分布情况，图中可以看出随着 τ_{lp} 的减小，在二维延时参数空间（τ_{12}，τ_{13}）中深灰色的高熵区域分布范围和连续性都增强了。

图 4-13(c1)～(c5) 为相应于图 4-13(a1)～(a5) 和图 4-13(b1)～(b5) 中的排列熵值的差 $|H_2-H_1|$ 在二维延时参数空间（τ_{12}，τ_{13}）中的分布图。如图中色条所示，越接近白色表示排列熵值增长越多，当排列熵值增长大于 0.1 时使用深灰色像素表示，越接近黑色表示排列熵值减小越多，当排列熵值减小小于 0.1 时用黑色像素表示，随着 τ_{lp} 的减小，图中深灰色区域和黑色区域逐渐减小，表明排列熵值发生剧烈变化（$|H_2-H_1|>0.1$）的区域越来越少，系统不稳定区域越来越少，布尔混沌熵源的鲁棒性越来越好。综上所述，证明布尔混沌熵源器件响应特性参数 τ_{lp} 减小，可以增强高熵布尔混沌在延时参数空间的分布范围和连续性，进而增强布尔混沌系统鲁棒性。

4.4.2　提高布尔混沌熵源鲁棒性实验研究

使用 FPGA（芯片型号：Altera 旋风Ⅳ FPGA，EP4CE10F17C8N）实现图 4-9 中布尔混沌熵源。图 4-14(a) 所示是布尔混沌熵源硬件系统的实验装置图，图 4-14(b) 所示为 FPGA 内部的布尔混沌熵源电路图，其中逻辑器件 i 与图 4-9 中节点 i 对应，其后的缓冲器 buffer$_i$ 用于提高器件驱动能力。为了减少逻辑器件的使用，不引入额外的延时器件，逻辑器件之间的延时参数 τ_{ij} 由器件之间的连接线本身决定。FPGA 实现包括 4 个步骤：

① 编写 Verilog 程序代码；
② 编译 Verilog 程序生成 JTAG 间接配置文件；
③ 将 JTAG 间接配置文件下载到 FPGA 芯片上，图 4-14(b) 显示了 FPGA 中布尔混沌熵源的 RTL 电路图；
④ 通过与 FPGA 相连的示波器对输出数据进行观察和采集。

通过实验研究了逻辑器件个数 N 不同时的布尔混沌熵源电路的动态特性。值得注意的是，在实验中当 $N=3$ 时，布尔混沌熵源输出不能振荡，这是因为本实验中没有引入额外的延时，逻辑器件之间的连接线本身构成的延时太小，使布尔混沌

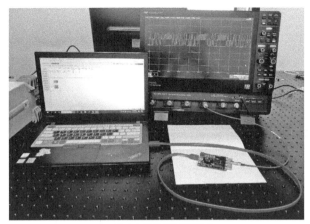

(a) 硬件布尔混沌熵源装置图

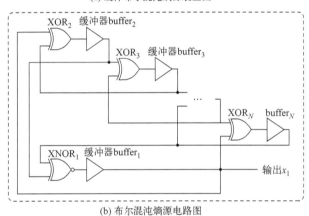

(b) 布尔混沌熵源电路图

图 4-14　布尔混沌熵源实验装置及电路图

熵源输出不振荡[17,114]。实验中布尔混沌熵源所有逻辑器件均能产生混沌输出，以节点 1 的输出序列 x_1 为例，图 4-15 给出了 $N=6$、9、12、15 的布尔混沌熵源产生的时间序列图和频谱图，图 4-15(a1)、(a2) 中可以看出 $N=6$、9 时输出序列中存在混沌和周期交替出现的现象，相应的图 4-15(b1)、(b2) 中的频谱中有尖峰出现，说明此时布尔混沌熵源对电子噪声的鲁棒性较差。图 4-15(a3)、(a4) 可以看出当 $N=12$、15 时，输出序列中混沌和周期之间的转变消失，图 4-15(b3)、(b4) 中的频谱平坦。同样对更多节点数量的布尔混沌熵源硬件系统进行了观察分析，结果表明，当 N 大于 12 时，布尔混沌熵源可以稳定产生混沌，这与图 4-11 中分析得出的仿真结果一致，实验证明逻辑器件数量的增加有助于提高布尔混沌熵源的鲁棒性。

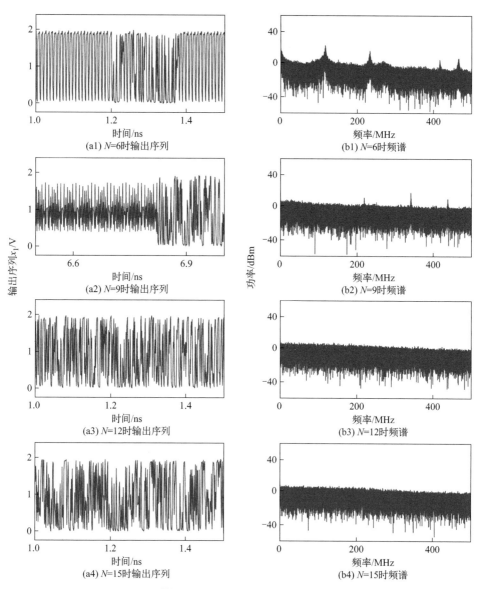

图 4-15 不同数量逻辑器件组成的布尔混沌熵源的动态特性

4.5 本章小结

研究了在延时参数空间中的不同位置处，小型布尔混沌熵源的鲁棒性。结果表明在延时参数空间中布尔混沌分布范围大且分布连续的区域中，布尔混沌熵源在噪声影响下能稳定地产生混沌，具有良好的鲁棒性。然而，在延时参数空间中布尔混沌分布范围较小且分布离散的区域，以及混沌分布区域和周期分布区域的交界处，布尔混沌熵源的输出在混沌状态和周期状态之间不断转换，不能稳定地产生混沌，缺乏鲁棒性。

其次，对小型布尔混沌熵源缺乏鲁棒性的物理原因进行了理论分析。电路中的噪声会引起输出序列中上升沿和下降沿的位置发生变化，使延时参数 τ_{ij} 发生微小偏移。在延时参数空间中布尔混沌分布不连续的位置处，这些微小变化导致 τ_{ij} 在混沌参数空间和周期参数空间之间穿梭，使得输出在混沌状态和周期状态之间不断转换，进而导致布尔混沌熵源不能稳定产生混沌序列。

最后，提出了提高布尔混沌熵源鲁棒性的方法。研究发现增加布尔混沌熵源逻辑器件的数量，减小逻辑器件响应特性参数，可以增强延时参数空间中布尔混沌的分布范围和分布连续性，进而提高布尔混沌熵源的鲁棒性。本章使用 FPGA（芯片型号：Altera 旋风Ⅳ FPGA，EP4CE10F17C8N）进行实验，当器件数量大于等于 12 时，布尔混沌熵源具有良好的鲁棒性。

第 5 章 鲁棒布尔混沌熵源的不可预测性研究

5.1 布尔混沌熵源的不可预测性分析
5.2 布尔混沌熵源的不可预测性实验研究
5.3 本章小结

随机数的不可预测性是保证信息安全的关键,熵源是随机数的不可预测性的唯一来源,基于混沌的随机数产生方法,不仅要保证混沌的稳定产生,而且产生的混沌序列必须是不可预测的。因此研究鲁棒的布尔混沌熵源的不可预测性是非常必要的。根据第 3 章的研究结果,$N=12$ 的布尔混沌熵源具有良好的鲁棒性,能够稳定地产生混沌序列,本章以该 12 节点的布尔混沌熵源为研究对象,仿真研究了布尔混沌熵源对初值中幅值扰动和相位扰动的敏感性,实验验证了布尔混沌熵源的不可预测性。

5.1 布尔混沌熵源的不可预测性分析

布尔混沌熵源电路在运行过程中,逻辑器件内部门电路发生导通和截止,其输出信号的电压存在着快速上升和下降,逻辑器件内部电容发生频繁的充放电,充电电流和放电电流引发噪声。电路中的噪声会引起幅度和相位的变化,为了详细分析电子噪声对布尔混沌的影响,在初值中分别添加幅值扰动和相位扰动观察其对布尔混沌熵源的输出的影响。

根据 4.4 节中研究结果,选择 $N=12$ 的鲁棒的布尔混沌熵源为研究对象,其结构如图 5-1 所示,由 1 个异或非节点和 11 个异或节点组成,相邻节点之间两两互耦合形成环形拓扑结构,节点 1 为异或非逻辑门,其余节点为异或逻辑门。

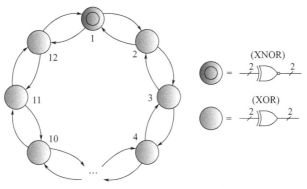

图 5-1 布尔混沌熵源结构图

式(5-1)~式(5-4) 为其数学模型,"$\odot$" 表示异或非运算;"$\oplus$" 表示异或运算;参数 $\tau_{lp,i}$ 为逻辑器件 i 的器件响应特性参数;$x_i(t)$ 表示逻辑器件 i 的输出信号;$X_i(t)$ 为对输出信号 $x_i(t)$ 进行量化后的节点 i 的相邻节点的输入信号;$x_{th}=$

0.5V 为阈值电压；参数 $\tau_{i,j}$ 表示器件 j 到器件 i 的信号传输延时，也即延时参数。

$$\tau_{lp,1}\frac{\mathrm{d}x_1(t)}{\mathrm{d}t}=-x_1(t)+X_2(t-\tau_{1,2})\odot X_{12}(t-\tau_{1,12}) \quad (5\text{-}1)$$

$$\tau_{lp,i}\frac{\mathrm{d}x_i(t)}{\mathrm{d}t}=-x_i(t)+X_{i+1}(t-\tau_{i,i+1})\oplus X_{i-1}(t-\tau_{i,i-1})$$

$$(i=2,3,\cdots,11) \quad (5\text{-}2)$$

$$\tau_{lp,12}\frac{\mathrm{d}x_{12}(t)}{\mathrm{d}t}=-x_{12}(t)+X_1(t-\tau_{12,1})\oplus X_{11}(t-\tau_{12,11}) \quad (5\text{-}3)$$

$$X_i(t)=\begin{cases}1, & x_i(t)>x_{th}\\ 0, & x_i(t)\leqslant x_{th}\end{cases} \quad (x_{th}=0.5) \quad (5\text{-}4)$$

5.1.1 布尔混沌熵源对幅值扰动的敏感性

和其他混沌系统相同，布尔混沌系统具有初值敏感性，在硬件电路中初值的扰动源于电路中的噪声，噪声会引起幅值扰动。图 5-2 所示为布尔混沌熵源在延时参数取值为表 5-1 中的值，器件响应特性参数取值为 $\tau_{lp,1}=\tau_{lp,2}=\tau_{lp,3}=0.25\mathrm{ns}$ 时，初值中幅值扰动对输出序列的影响。除节点 1 外，其余节点的初始值为 0V，维持时间为 6ns。

表 5-1 延时参数表

$\tau_{i,j}/\mathrm{ns}$	排列熵值	$\tau_{i,j}/\mathrm{ns}$	排列熵值	$\tau_{i,j}/\mathrm{ns}$	排列熵值
$\tau_{1,12}$	0.2	$\tau_{5,4}$	0.13	$\tau_{9,8}$	0.56
$\tau_{1,2}$	0.18	$\tau_{5,6}$	0.41	$\tau_{9,10}$	0.12
$\tau_{2,1}$	0.80	$\tau_{6,5}$	0.03	$\tau_{10,9}$	0.35
$\tau_{2,3}$	0.16	$\tau_{6,7}$	0.44	$\tau_{10,11}$	0.12
$\tau_{3,2}$	0.26	$\tau_{7,6}$	0.23	$\tau_{11,10}$	0.04
$\tau_{3,4}$	0.23	$\tau_{7,8}$	0.11	$\tau_{11,12}$	0.44
$\tau_{4,3}$	0.1	$\tau_{8,7}$	0.27	$\tau_{12,11}$	0.08
$\tau_{4,5}$	0.56	$\tau_{8,9}$	0.43	$\tau_{12,1}$	0.32

图 5-2(a) 为节点 1 的初始值序列 $x_{1,0}$ 及其量化后的波形 $X_{1,0}$，图 5-2(c) 为添加了幅值扰动的初始值序列 $x_{1,0}{}^{\mathrm{p}}$ 及其量化后的波形 $X_{1,0}{}^{\mathrm{p}}$。图 5-2(b) 为对应于图 5-2(a) 中输入信号的输出序列 x_1，图 5-2(d) 为对应于图 5-2(c) 中输入信号的输

出序列 x_1^p。图中可以看出两个输出序列都是混沌的,且混沌轨迹是完全一致的。结果表明布尔混沌对图 5-2(c) 所示的幅值扰动不敏感。其原因是式(5-4) 模拟的量化过程对幅值扰动具有抑制作用,图 5-2(c) 中的幅值扰动被式(5-4) 消除了。

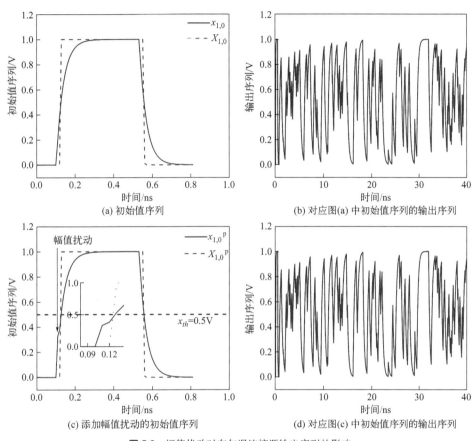

图 5-2 幅值扰动对布尔混沌熵源输出序列的影响

对式(5-4) 进行分析可知,当幅值扰动发生在阈值附近时,式(5-4) 的幅值扰动抑制作用将消失。因此,本节还研究了当幅值扰动发生在阈值附近的情况。图 5-3(a) 为节点 1 的初始值序列 $x_{1,0}$ 及其量化后的波形 $X_{1,0}$,图 5-3(b) 对应于图 5-3(a) 中输入信号的输出序列 x_1。图 5-3(c) 为添加了幅值扰动 p1 的初始值序列 $x_{1,0}^{p1}$ 及其量化后的波形 $X_{1,0}^{p1}$,图 5-3(d) 对应于图 5-3(c) 中输入信号的输出序列 x_1^{p1}。图中可以看出这两个输出序列都是混沌的,且混沌轨迹在幅值扰动的影响下发生了分离。

图 5-3(e) 进一步研究了幅值扰动增大对布尔混沌轨迹分离的影响。图 5-3(e)

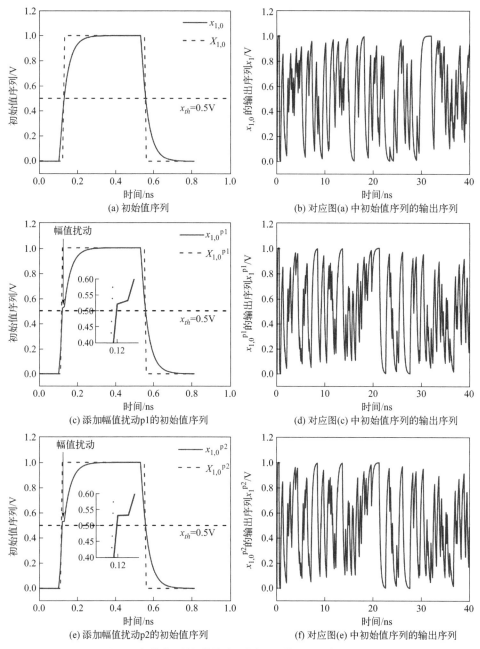

图 5-3 阈值附近的幅值扰动对布尔混沌熵源输出序列的影响

在阈值附近添加幅值扰动 p2，p2 大于图 5-3(c) 中幅值扰动 p1，图 5-3(f) 为对应于图 5-3(e) 中输入信号的输出序列 x_1^{p2}。图中可以看出图 5-3(f) 和（d）中的混沌序列轨迹完全相同，表明阈值附近的幅值扰动的强度对布尔混沌轨迹没有影响，因为添加不同幅值扰动强度 p1 和 p2 的初始值序列的量化结果 $X_{1,0}{}^{p1}$ 和 $X_{1,0}{}^{p2}$ 中边沿的位置没有变化。

图 5-4 直观地展示了图 5-3 中输出序列的差异，图 5-4(a) 为 $x_1{}^{p1}-x_1$，图 5-4(b) 为 $x_1{}^{p2}-x_1{}^{p1}$。图 5-4(a) 中可以看出输出序列的差值初始为 0，随着时间的推移逐渐增大，表明阈值附近的幅值扰动对布尔混沌熵源的输出产生了影响，这是因为幅值扰动发生在阈值附近，式(5-4) 对其的抑制作用消失，扰动引起边沿位置的变化。但是阈值附近的幅值扰动的强度的变化对布尔混沌轨迹没有影响，图 5-4(b) 中可以看出差值 $x_1{}^{p2}-x_1{}^{p1}$ 始终为 0，因为幅值扰动继续增大不会改变边沿位置。

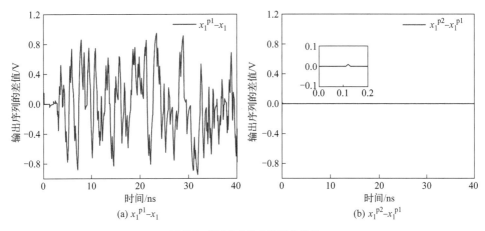

图 5-4　图 5-3 中输出序列的差值

另外分析式(5-1)～式(5-4) 可以看出节点输出受节点本身前一刻的输出的影响，因此研究了当幅值扰动发生在初始值序列的最后时刻时对输出的影响，如图 5-5 所示。

图 5-5(a) 为节点 1 的初始值序列 $x_{1,0}$ 及其量化后的波形 $X_{1,0}$，图 5-5(b) 对应于图 5-5(a) 中输入信号的输出序列 x_1。图 5-5(c) 为在最后时刻添加了幅值扰动 p1 的初始值序列及其量化后的波形 $X_{1,0}{}^{p1}$，图 5-5(d) 对应于图 5-5(c) 中输入信号的输出序列 $x_1{}^{p1}$。图 5-5(e) 为在最后时刻添加了幅值扰动 p2 的初始值序列及其量化后的波形 $X_{1,0}{}^{p2}$，p2 大于 p1，图 5-5(f) 对应于图 5-5(e) 中输入信号的输出序列 $x_1{}^{p2}$。图中可以看出图 5-5(c)、(f) 和 (d) 中的混沌序列各不相同。

图 5-6 直观地展示了图 5-5 中输出序列的差异，图 5-6(a) 为 $x_1{}^{p1}-x_1$，图 5-6

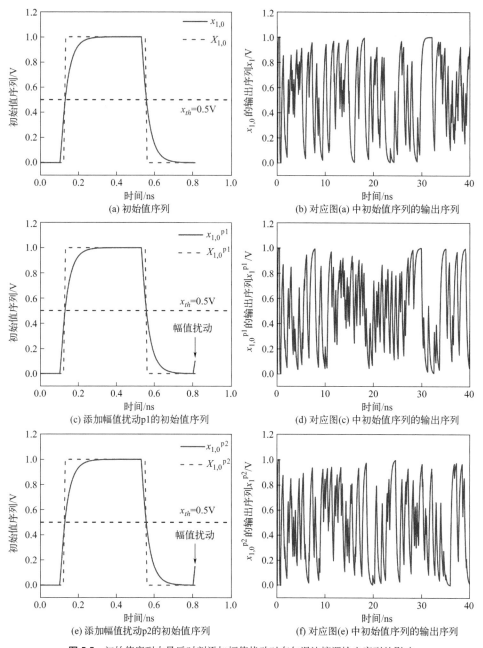

图 5-5 初始值序列中最后时刻添加幅值扰动对布尔混沌熵源输出序列的影响

(b) 为 $x_1^{p2}-x_1^{p1}$。图 5-6(a) 和 (b) 中可以看出输出序列的差值初始为 0，随着时间的推移逐渐增大，表明在初始值序列的最后时刻添加的幅值扰动使布尔混沌熵源的输出序列发生变化，而且幅值扰动的强度变化使布尔混沌轨迹随之发生变化。

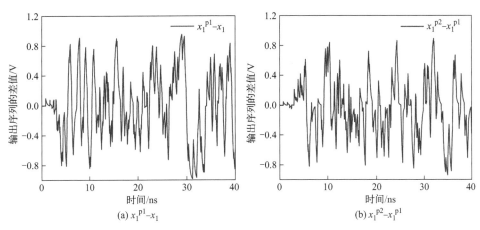

图 5-6　图 5-5 输出序列的差值

5.1.2　布尔混沌熵源对相位扰动的敏感性

电路中的噪声还会引起相位扰动，相位扰动在时域上表现为抖动，因此研究了抖动对布尔混沌熵源输出的影响，延时参数值见表 5-1，器件响应特性参数取值为 $\tau_{lp,1}=\tau_{lp,2}=\tau_{lp,3}=0.25\mathrm{ns}$。图 5-7 为上升沿抖动对布尔混沌熵源输出序列的影响。

图 5-7(a) 为节点 1 的初始值序列 $x_{1,0}$ 及添加了上升沿抖动的初始值序列 $x_{1,0}^{\mathrm{jitter}}$，图 5-7(c) 为 $x_{1,0}$ 量化后的波形 $X_{1,0}$ 及 $x_{1,0}^{\mathrm{jitter}}$ 量化后的波形 $X_{1,0}^{\mathrm{jitter}}$。图 5-7(b) 对应于图 5-7(a) 中输入信号 $x_{1,0}$ 的输出序列 x_1，图 5-7(d) 对应于图 5-7(a) 中输入信号 $x_{1,0}^{\mathrm{jitter}}$ 的输出序列 x_1^{jitter}。图中可以看出两个输出序列都是混沌的，且混沌轨迹随着时间的推移发生分离。图 5-8 直观地展示了图 5-7 中输出的差值 $x_1^{\mathrm{jitter}}-x_1$，图中可以看出输出序列的差值初始为 0，随着时间的推移逐渐增大，表明上升沿抖动使布尔混沌熵源的输出序列发生变化，混沌轨迹发生分离。

同理，图 5-9 研究了下降沿抖动对布尔混沌熵源输出序列的影响。图 5-9(a) 为节点 1 的初始值序列 $x_{1,0}$ 及添加了下降沿抖动的初始值序列 $x_{1,0}^{\mathrm{jitter}}$，图 5-9(c) 为 $x_{1,0}$ 量化后的波形 $X_{1,0}$ 及 $x_{1,0}^{\mathrm{jitter}}$ 量化后的波形 $X_{1,0}^{\mathrm{jitter}}$。图 5-9(b) 对应于图 5-9(a) 中输入信号 $x_{1,0}$ 的输出序列 x_1，图 5-9(d) 对应于图 5-9(a) 中输入信号 $x_{1,0}^{\mathrm{jitter}}$ 的输出序列 x_1^{jitter}。图中可以看出两个输出序列都是混沌的，且混沌轨迹随着时间

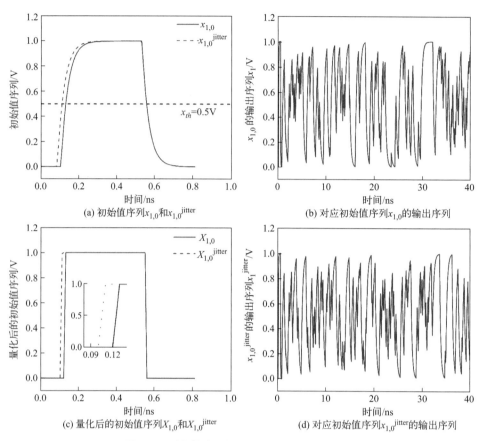

图 5-7 上升沿抖动对布尔混沌熵源输出序列的影响

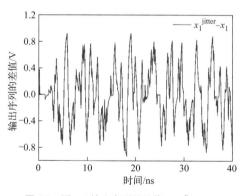

图 5-8 图 5-7 输出序列的差值：$x_1^{\text{jitter}} - x_1$

的推移发生分离。图 5-10 直观地展示了图 5-9 中输出的差值 $x_1^{\text{jitter}} - x_1$，图中可以看出输出序列的差值初始为 0，随着时间的推移逐渐增大，表明下降沿抖动使布尔混沌熵源的输出序列发生变化，使布尔混沌轨迹不可预测。

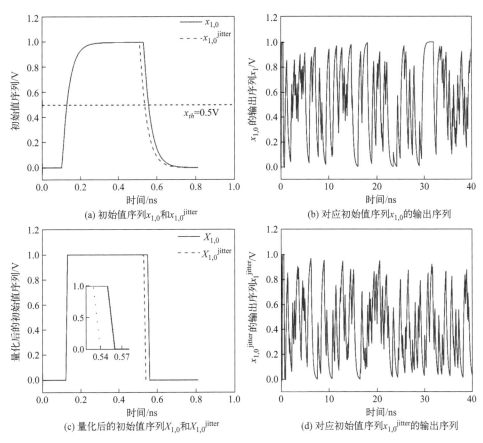

图 5-9 下降沿抖动对布尔混沌熵源输出序列的影响

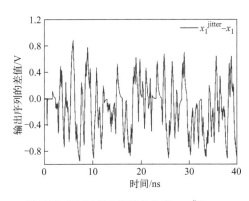

图 5-10 图 5-9 输出序列的差值：$x_1^{\text{jitter}} - x_1$

5.2 布尔混沌熵源的不可预测性实验研究

在实际电路中噪声每时每刻都在产生，因此根据 5.1 节的研究可知，噪声引起的幅值变化和相位变化均会使布尔混沌轨迹发生分离，使输出序列变得不可预测。实验中，在相同条件下对布尔混沌熵源进行多次重启，观察重启序列之间的差异。

使用 FPGA 实现图 5-1 中的布尔混沌熵源。在硬件电路中增加复位信号，实现布尔混沌熵源的重启操作，图 5-11 为在异或节点增加复位信号的电路图。当复位信号为高电平时，布尔混沌熵源电路进行复位，多路复用器 MUX 将初始信号传输给相应的节点；当复位信号为低电平时，初始信号不再起作用，MUX 将前一个异或门的输出传输给相邻的节点，布尔混沌熵源开始自由演变。本实验中设置初始信号为低电平，其维持时间为 10ns，复位信号如图 5-12 所示，图中可以看出重启周期为 80ns，初始信号维持时间为 10ns。

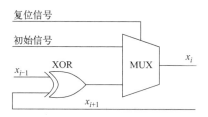

图 5-11 布尔混沌熵源异或节点重启电路示意图

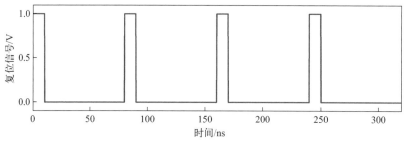

图 5-12 复位信号波形图

实验中观察到布尔混沌熵源的 12 个逻辑器件的输出均为混沌信号，以异或非逻辑器件的输出为例，对输出序列进行采集分析。如图 5-13(a) 为输出时间序列，图中灰色阴影为每次重启的初始信号，两个初始信号之间的间隔为 80ns。为了方便对比研究每次重启序列的差异性，使用 map 图进行分析，如图 5-13(b) 中为 100 次重启序列，纵坐标 N 标识重启的次数，横坐标为时间，灰度表示输出序列不同时刻的电压值，图中 0～10ns 全部为深色，为低电平初始序列，10ns 之后布尔混沌熵源开始自发运行，在 10～20ns 时间内每次重启，电压幅值序列具有相似的变化趋势，在大约 20ns 之后重启序列轨迹发生了分离，图中灰度分布混乱，没有任何模式规律，这表明经过约 10ns 的自由演变之后在电路中的噪声影响下布尔混沌轨迹分离成完全不同的轨迹。

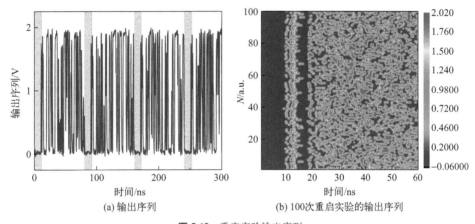

图 5-13　重启实验输出序列

为了观察多次重启实验的输出序列在同一时刻电压幅值的概率分布，对图 5-13 (b) 中 5ns、11ns、17ns 和 23ns 时刻不同重启序列的电压幅值进行了统计分析，分别如图 5-14(a)、(b)、(c) 和 (d) 所示。图 5-14(a) 中所有电压值都集中在 0V 附近，这是因为初始阶段异或非器件的设置初始值为 0V；图 5-14(b) 中可以看出 11ns 时电压幅值的分布变得不集中，表明布尔混沌轨迹开始发生分离；图 5-14(c) 中可以看到电压幅值的分布遍布逻辑器件的最大输出范围 0～2V；图 5-14(d) 中可以看到电压幅值的分布在高电平和低电平的概率基本相同，表明不同重启序列在该时刻输出高电平和低电平是随机的。

香农熵可以表征 0、1 序列的随机性，即不可预测性，为了进一步验证布尔混沌熵源输出高低电平的随机性，图 5-15 示出了多次重启实验输出序列 x_1 量化后的 "0" 和 "1" 序列在同一时刻的香农熵随着时间的变化。图中可以看出 0～10ns 内每次重启的初始值序列完全一致，香农熵为 0，然后布尔混沌熵源开始自发运行，香农熵的值逐渐增加。但是，图中曲线增加的过程不是单调上升的，上升过程中有局部波动现象，这可能是受电路中噪声，以及复位信号的边沿抖动的影响，导致重启序列开始自由运行的时间不完全一致。在 20ns 之后，排列熵值增大至大约为 1

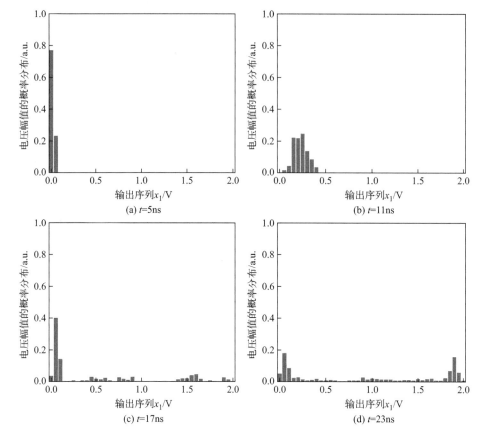

图 5-14 不同时刻重启实验输出序列的概率分布

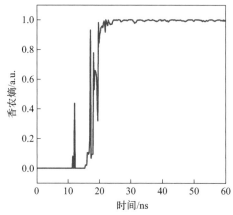

图 5-15 同一时刻布尔混沌熵源重启实验输出序列量化后的
"0"和"1"序列的香农熵随时间的变化

然后基本保持不变，表明此时多次重启序列在同一时刻的输出为高电平"1"或低电平"0"是完全随机的，每次重启在同一时刻产生的随机数"0"或"1"是不可预测的，证明了布尔混沌熵源的不可预测性。

综上，由5.1节的分析可知，和其他混沌系统相同，布尔混沌具有初值敏感性，不同的是下一刻的输出不止和前一刻的输出有关还和前一段时间的输出有关，因此初始值中的微小扰动使未来的布尔混沌序列发生变化。电路中噪声是时刻存在且不可预测的，噪声使布尔混沌序列的当前输出发生变化，进而改变未来产生的序列，因此噪声是布尔混沌序列不可预测的根本原因。

5.3 本章小结

基于布尔混沌产生的随机数，其不可预测性来源于布尔混沌电路中的噪声。电路中的噪声可以引起幅值变化和相位变化，本章创新研究及结果如下。

首先通过模型仿真研究了布尔混沌熵源对幅值扰动和相位扰动的敏感性，表明布尔混沌熵源输出的布尔混沌序列在微小的幅值和相位扰动下会发生轨迹分离，变得不可预测，即布尔混沌熵源对幅值噪声和相位噪声均具有敏感性。

其次，使用FPGA实现了布尔混沌熵源硬件电路，通过重启实验证明了布尔混沌熵源的不可预测性。实验结果表明，对同一个布尔混沌熵源在相同的实验条件下多次重启，经过约10ns的自由演变时间之后，同一时刻产生的输出电压值是不确定的，输出高电平和低电平是随机的，证明了布尔混沌熵源产生布尔混沌序列的不可预测性。这是因为，电路中的噪声时刻存在且不可避免，噪声使混沌序列任意时刻的值发生变化，鉴于布尔混沌对初始值的敏感性，以该时刻为初始值，之后产生的序列将会发生变化。由于噪声是天然随机且不可预测的，因此在布尔混沌和噪声的相互作用下产生了不可预测的序列。

第 6 章　一种改进的鲁棒布尔混沌熵源及随机数的产生

6.1　15 节点二输入二输出布尔混沌熵源及其缺陷

6.2　布尔混沌熵源拓扑结构改进

6.3　基于非对称布尔混沌熵源的随机数产生和测试

6.4　本章小结

本书第 1 章中已对现有布尔混沌熵源进行了分析和讨论，目前成功产生随机数的布尔混沌熵源主要分为基于三输入逻辑器件的布尔混沌熵源和基于二输入逻辑器件的布尔混沌熵源。二输入逻辑器件由更少的晶体管或场效应管组成，工作时的功耗更低，因此基于二输入逻辑器件的布尔混沌熵源具有更好的应用前景。

基于第 4 章和第 5 章的交叉耦合环形拓扑结构的布尔混沌系统，可以实现由 15 个逻辑器件构成的布尔混沌熵源，能够成功产生无需后处理即可通过国际随机数测试标准 NIST 的随机数[114]。本章对该 15 节点二输入二输出布尔混沌熵源进行了分析，研究中发现，由于其拓扑结构是对称的，在理想情况下，其存在不能产生振荡、对称节点的输出信号完全一致的缺陷。本章对其拓扑结构进行改进，新的布尔混沌熵源在克服上述缺陷的同时，减少了逻辑器件的数量，对比研究表明其混沌动态特性良好，并产生了无需后处理可通过测试的随机数。

6.1　15 节点二输入二输出布尔混沌熵源及其缺陷

图 6-1 为文献 [22] 中的 15 节点二输入二输出布尔混沌熵源，称其为 s1ABN。由 1 个异或非节点和 14 个异或节点组成，相邻的节点相互耦合，参数 τ_{ij} 表示从器件 j 到 i 的传输延时。该布尔混沌熵源的拓扑结构为环形，如果不考虑连接线和逻辑器件的工艺误差，则该结构关于异或非器件 1 的直径对称，对称轴两边的逻辑器件，即异或节点 i 和 $15-i+2$ 是对称位置上的两个逻辑器件，如图中器件 2 和 15，3 和 14 等。

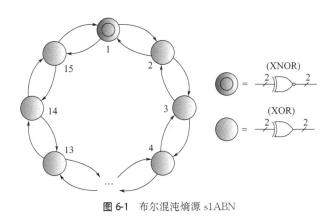

图 6-1　布尔混沌熵源 s1ABN

式(6-1)～式(6-4) 为图 6-1 所示布尔混沌熵源的数学模型，"$\odot$" 表示异或非运算;"⊕"表示异或运算;参数 $\tau_{lp,i}$ 为逻辑器件 i 的器件响应特性参数;$x_i(t)$ 表示逻辑器件 i 的输出信号;$X_i(t)$ 为对输出信号 $x_i(t)$ 量化后的节点 i 的相邻节点的输入信号;$x_{th}=0.5\text{V}$ 为阈值电压;参数 τ_{ij} 表示从器件 j 到器件 i 的信号传输延时,也即延时参数。

$$\tau_{lp,1}\frac{\mathrm{d}x_1(t)}{\mathrm{d}t}=-x_1(t)+X_2(t-\tau_{1,2})\odot X_{15}(t-\tau_{1,15}) \tag{6-1}$$

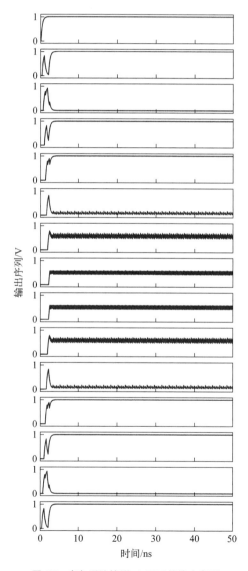

图 6-2 布尔混沌熵源 s1ABN 的输出序列

$$\tau_{lp,i}\frac{\mathrm{d}x_i(t)}{\mathrm{d}t}=-x_i(t)+X_{i+1}(t-\tau_{i,i+1})\oplus X_{i-1}(t-\tau_{i,i-1}) \quad (6\text{-}2)$$

$$(i=2,3,\cdots,14)$$

$$\tau_{lp,15}\frac{\mathrm{d}x_{15}(t)}{\mathrm{d}t}=-x_{15}(t)+X_1(t-\tau_{15,1})\oplus X_{14}(t-\tau_{15,14}) \quad (6\text{-}3)$$

$$X_i(t)=\begin{cases}1, & x_i(t)>x_{th}\\0, & x_i(t)\leqslant x_{th}\end{cases} \quad (x_{th}=0.5) \quad (6\text{-}4)$$

图 6-2 所示为仿真研究理想情况下布尔混沌熵源的输出序列，仿真中设置所有延时参数 $\tau_{ij}=0.05\text{ns}$，所有器件响应特性参数 $\tau_{lp,i}=0.3\text{ns}$，从图中结果可以看出，布尔混沌熵源 s1ABN 的节点 1、2、3、4、5、12、13、14、15 的输出是恒定不变的高电平或低电平，而其他 5 个节点的输出有微小幅度的振荡，且图中可以看出对应图 6-1 中对称位置处的节点的输出是完全相同的，即 $x_2(t)=x_{15}(t)$，$x_3(t)=x_{14}(t)$，$x_4(t)=x_{13}(t)$，$x_5(t)=x_{12}(t)$，$x_6(t)=x_{11}(t)$，$x_7(t)=x_{10}(t)$，$x_8(t)=x_9(t)$。综上所述，图 6-1 中的 15 节点二输入二输出布尔混沌熵源，存在理想情况下不能振荡且对称位置处的逻辑器件的输出序列完全一致的缺陷。

6.2 布尔混沌熵源拓扑结构改进

通过改变布尔混沌熵源的逻辑器件之间的连接方式，设计了一种非对称拓扑结构，图 6-3 为改进的布尔混沌熵源结构，由 1 个异或非逻辑节点和 11 个异或逻辑节点构成，符号 i 标识不同的逻辑器件，如图中所示，器件 1 为异或非逻辑门，器

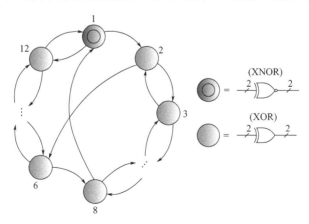

图 6-3 非对称布尔混沌熵源 aABN

件 2~12 为异或逻辑门，除了器件 9 和器件 1，其他逻辑器件的两个输入来自相邻逻辑器件的输出，使布尔混沌熵源形成非对称的拓扑结构，为了方便描述，称其为非对称布尔混沌熵源（aABN）。

6.2.1 非对称布尔混沌熵源仿真分析

非对称布尔混沌熵源的数学模型如式(6-5) 所示，式中 $\tau_{lp,i}$ 是逻辑器件 i 的响应特性参数，可以调节逻辑器件的响应速度；$x_i(t)$ 表示节点 i 的输出；τ_{ij} 表示从节点 j 到 i 的信号传输延时，也即延时参数；f_i 是节点 i 执行的逻辑函数；$X_i(t)$ 为 $x_i(t)$ 经过量化后的输入信号，值为 0 或 1；x_{th} 为阈值电压，在仿真中，该阈值被设置为 $x_{th}=0.5\text{V}$，在实验中量化过程由逻辑器件自身完成，量化阈值由逻辑器件本身特性决定。

$$\begin{cases} \tau_{lp,i}\dfrac{\mathrm{d}x_i(t)}{\mathrm{d}t}=-x_i(t)+f_i[X_{j_1}(t-\tau_{i,j_1}),X_{j_2}(t-\tau_{i,j_2})] \\ f_i=\begin{cases} \text{XNOR}, & i=1 \\ \text{XOR}, & i=2,3,\cdots,12 \end{cases} \\ j_1,j_2=\begin{cases} 12,8, & i=1 \\ i-1,i+1, & i=2,3,\cdots,7,8,10,11 \\ 2,10, & i=9 \\ 11,1, & i=12 \end{cases} \\ X_i(t)=\begin{cases} 0, & x_i(t)>x_{th} \\ 1, & x_i(t)\leqslant x_{th} \end{cases} \end{cases} \quad (6\text{-}5)$$

图 6-4 所示为延时参数完全相等时，非对称布尔混沌熵源的输出序列，仿真中对所有 i 和 j 设置 $\tau_{lp,i}=0.3\text{ns}$，延时参数 $\tau_{ij}=0.05\text{ns}$，从图中仿真结果可以看出，aABN 布尔混沌熵源的所有节点都能振荡，其中只有节点 2 振荡幅度较小，所有节点振荡幅度和 s1ABN 相比明显较大。而且非对称结构通过改变布尔熵源内部的连接，消除了对称节点，克服了 15 节点二输入二输出布尔混沌熵源对称位置的节点输出的波形完全相同的缺陷。

另外我们改变 τ_{ij} 的值，观察了 s1ABN 和 aABN 的输出序列的变化，发现随着参数 τ_{ij} 增大，s1ABN 的振荡幅度会有所增加，尽管如此，在相同的 τ_{ij} 参数取值下，s1ABN 的振荡性能均比 aABN 差。表明非对称布尔混沌熵源 aABN 在理想情况下依然能够大幅度地振荡。而在非理想情况下，延时参数之间的差异足够大时，s1ABN 和 aABN 布尔混沌熵源的所有节点都能产生在 0～1 之间大幅度振荡的混沌序列。

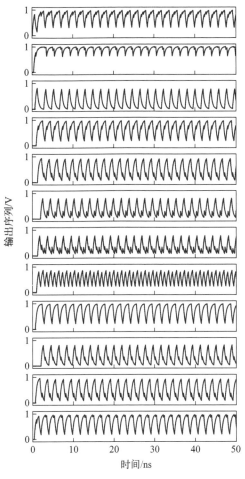

图 6-4　布尔混沌熵源 aABN 的输出序列

6.2.2　非对称布尔混沌熵源实验分析

实验中选取 FPGA（芯片型号：Altera Cyclone Ⅳ FPGA，EP4CE10F17C8N）作为硬件设备，在同一个 FPGA 上实现两种布尔混沌熵源：aABN、s1ABN。以 aABN 为例，图 6-5 是其 FPGA 的硬件系统，包括计算机、FPGA 芯片和示波器。图 6-5(a) 为 Verilog 程序代码，图 6-5(b) 为实验装置图，图 6-5(c) 为 FPGA 内部电路图，使用一个逻辑器件和缓冲器实现图 6-3 中节点，缓冲器的作用是提高逻辑器件的驱动能力。值得注意的是在 FPGA 中节点的编号从 0 开始，图 6-5 中节点 0~11 对应图 6-3 中节点 1~12。

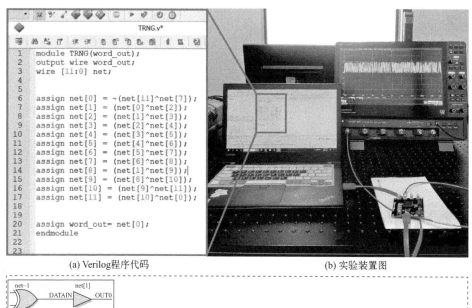

(a) Verilog 程序代码　　(b) 实验装置图

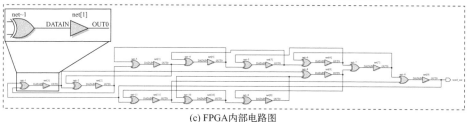

(c) FPGA 内部电路图

图 6-5　布尔混沌熵源硬件系统

通过实验对 aABN、s1ABN 的布尔混沌熵源的动态特性进行了对比分析，如图 6-6、图 6-7 所示。实验中布尔混沌熵源的所有节点均可以稳定地输出混沌序列，以异或非节点的输出序列为例。图 6-6(a1)、(b1) 分别为 aABN、s1ABN 布尔混沌熵源异或非节点的序列，图 6-6(a2)、(b2) 为序列的幅值分布，图 6-6(a3)、(b3) 中虚线的斜率为最大李雅普诺夫指数 λ，其计算方法见式(2-1) 和式(2-2)，图 6-6 (a4)、(b4) 所示为自相关函数，图 6-6(a5)、(b5) 为频谱。图中结果表明 aABN、s1ABN 均能产生稳定的混沌输出；输出序列的电压的幅值分布为双峰函数，峰值分布在高（1V）和低（0V）电平处，这是因为数字逻辑门的 0 到 1（1 到 0）转换过程非常短，输出序列为类二值信号；aABN、s1ABN 布尔混沌熵源的输出序列的最大李雅普诺夫指数 λ 均大于 0；输出序列的自相关曲线半高全宽约为 0.5ns，

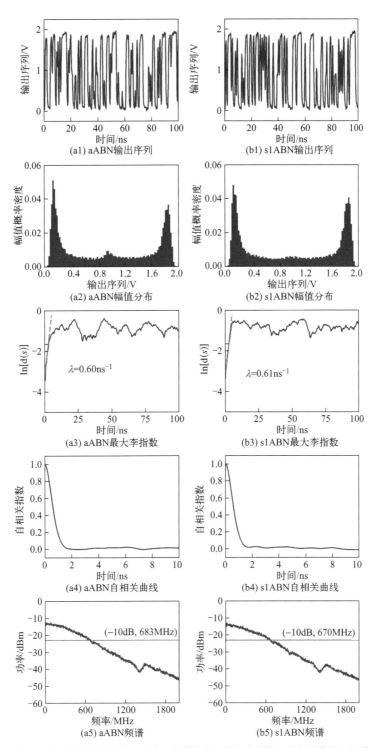

图 6-6 布尔混沌熵源的输出时序、幅值分布、最大李指数、自相关曲线和频谱

−10dB 带宽约为 600MHz。图中对比结果表明与对称的布尔混沌熵源 s1ABN 相比，非对称布尔混沌熵源 aABN 可以使用 12 个逻辑器件产生幅值分布、李指数、自相关和频谱等动态特性良好的混沌序列。

为了对比输出序列的复杂程度，图 6-7 展示了布尔混沌熵源 aABN、s1ABN 的输出序列的排列熵谱，计算公式见第 3 章式(3-3)～式(3-5)，式中，τ 是嵌入延迟；嵌入维数 d 为 4。图中可以看出 aABN 和 s1ABN 的输出排列熵值非常接近。结果表明，aABN 非对称布尔混沌熵源使用更少的逻辑器件可以产生与对称布尔混沌熵源 s1ABN 复杂程度相媲美的混沌序列，保证混沌输出序列复杂度的同时减少了系统的功耗。

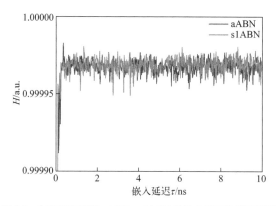

图 6-7　布尔混沌熵源 aABN、s1ABN 的输出序列的排列熵谱

6.3　基于非对称布尔混沌熵源的随机数产生和测试

12 节点非对称布尔混沌熵源具有良好的动态特性，其输出序列为类二值信号，易于提取。本节对非对称布尔混沌熵源的输出序列进行量化产生随机数，并测试随机数的质量。图 6-8 为非对称布尔混沌熵源随机数发生器的结构图，使用 D 触发器对系统 4 个节点 2、3、6、10 的输出进行提取量化，并进行异或运算，进一步消除 "0"、"1" 偏差，生成随机数。

设置图 6-8 中 D 触发器的时钟频率为 100MHz，产生的随机数结果如图 6-9 所示。图 6-9(a) 所示为随机数发生器输出的随机数序列，其中最小脉冲宽度为 10ns，幅度为 0～2V；图 6-9(b) 所示为随机数的点阵图，黑色代表 "1"，白色代表 "0"，图中没有任何模式，表明随机数具有良好的随机性。

NIST 统计测试套件是国际通用的随机数测试标准，包含 15 项测试，测试时采

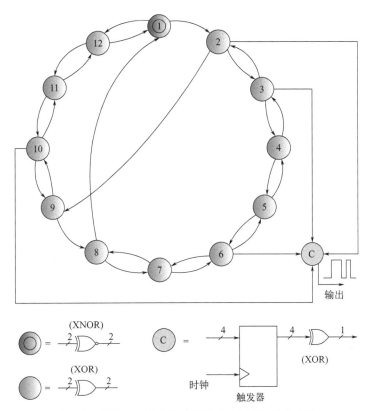

图 6-8 基于非对称布尔混沌熵源 aABN 的随机数发生器

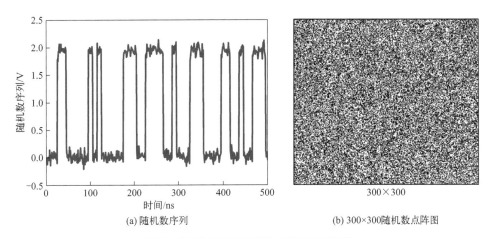

(a) 随机数序列

(b) 300×300 随机数点阵图

图 6-9 非对称布尔混沌熵源 aABN 产生随机数

黑色代表 1,白色代表 0

集多组样本量为 1Gbit 的随机码，每组 1Gbit 的随机码分为 1000 组 1Mbit 的随机数序列。使用 NIST 中的测试包对其进行统计测试，以评估所设计的物理随机数的输出性能。在测试中，需要设置显著水平值 α，一般取值区间为 [0.001, 0.01]。测试结果输出两个参数值——P 值和通过率；当 P 值大于 α 时，表明被测数据是随机的；通过率表示 1000 组 1Mbit 的被测随机数序列中通过测试的比例，当通过率大于 0.9806 时，则表示该 1Gbit 的被测随机码通过 NIST 统计测试。

在相同条件下对基于 s1ABN 随机数发生器和 aABN 的随机数发生器进行数据采集和测试，这里设 α 为 0.01，表 6-1 为测试结果，表中可以看出两种随机数发生器均能产生可通过测试的随机数，结果表明基于 aABN 的随机数发生器能够产生随机性良好的随机数，同时该布尔混沌熵源使用的逻辑器件减少了 20%。

表 6-1　随机数 NIST 测试结果

统计测试	s1ABN			aABN		
	P 值	通过率	结果	P 值	通过率	结果
频率测试	0.127	0.985	成功	0.156	0.985	成功
块内频率测试	0.625	0.984	成功	0.591	0.992	成功
累计和测试	0.357	0.994	成功	0.593	0.988	成功
运行测试	0.308	0.986	成功	0.879	0.986	成功
最长运行测试	0.356	0.986	成功	0.391	0.986	成功
矩阵秩检验	0.490	0.990	成功	0.886	0.981	成功
傅里叶变换测试	0.100	0.983	成功	0.093	0.987	成功
非重叠模版匹配测试	0.590	0.993	成功	0.864	0.994	成功
重叠模版匹配测试	0.559	0.988	成功	0.403	0.991	成功
显著压缩测试	0.821	0.988	成功	0.414	0.988	成功
近似熵测试	0.429	0.991	成功	0.498	0.987	成功
随机偏移测试	0.667	0.991	成功	0.84	0.992	成功
随机偏移变化测试	0.598	0.995	成功	0.575	0.992	成功
串行测试	0.608	0.988	成功	0.392	0.991	成功
线性复杂度测试	0.303	0.994	成功	0.845	0.989	成功

6.4　本章小结

本章对现有的 15 节点二输入二输出布尔混沌熵源进行了分析，模型仿真中发现该布尔混沌熵源在理想情况下，大部分节点不能振荡，其余节点振荡幅度很小，且分布在异或非节点左右两边对称位置处的节点输出波形完全一致，这不利于随机数的产生。

通过改变布尔混沌熵源的拓扑结构，提出了一种由 12 个逻辑器件构成的非对称布尔混沌熵源，仿真研究表明非对称布尔混沌熵源在理想情况下依然能输出大幅度的振荡，且消除了对称节点，克服了理想情况下对称位置处的逻辑器件输出完全相同的缺陷。使用 FPGA 进行硬件实现，通过对比实验表明提出的非对称布尔混沌熵源能稳定地产生混沌序列，且使用更少的逻辑器件（12 个）产生包括李指数、频谱、自相关、幅值分布和复杂度与 15 节点二输入二输出布尔混沌熵源相媲美的布尔混沌序列。逻辑器件数量减少了 20%，这在大量熵源并行的随机数产生系统中能够大大降低功耗。由此可见，在节点数量不变的情况下，仅改变布尔网络拓扑结构可以改变布尔网络的输出序列的复杂度。

设计了基于非对称布尔熵源的随机数发生器，产生了 100Mbit/s 的随机数，通过点阵图等分析方法表明随机数具有良好的随机性，进一步采集多组 1Gbit 的随机数进行 NIST 随机数测试，表明非对称布尔混沌熵源可以产生无需任何后处理即能够通过 NIST 统计测试的随机数。

第 7 章 结论与展望

7.1 本书结论

7.2 未来工作展望

7.1 本书结论

随着信息时代的飞速发展，构建安全的网络环境是重要的战略目标，关系着国计民生。保密通信的关键在于"不可破解"，这就需要大量高速的随机数作为密钥。而熵源是随机数随机性的唯一来源，安全稳定的熵源是保证随机数质量的关键。所以，熵源的安全和稳定尤为重要。

布尔混沌是一种仅由逻辑器件组成的全数字电路的物理熵源。它的核心器件——电逻辑器件是一种技术成熟、市场广泛、价格低廉的产品。因此，布尔混沌熵源具有结构简单、容易集成、价格低廉的优势。熵源的带宽和复杂度与随机数的产生速率息息相关；熵源的鲁棒性是保证随机数稳定产生的关键；为了保证随机数的安全性，熵源必须是不可预测的物理熵源。因此，为了更好地使用和设计布尔混沌熵源，本书对现有布尔混沌熵源的带宽、输出序列复杂度、鲁棒性和不可预测性进行了研究。并对布尔混沌熵源拓扑结构进行改进，使逻辑器件数量减少了20%，同时产生了安全有效的随机数。具体工作总结如下。

① 利用基于分段线性微分方程的布尔混沌熵源模型进行仿真研究，证明了模型参数能够对逻辑器件的响应特性进行连续调节，进而确定了器件响应特性参数；通过模型仿真改变器件响应特性参数，研究布尔混沌带宽和输出序列复杂度的变化，研究发现，减小器件响应特性参数即增大器件响应速度，可以增强布尔混沌的带宽和输出序列的复杂度，为布尔混沌熵源设计中器件参数的选择提供了理论依据。

② 研究了布尔混沌熵源的鲁棒性。研究发现在小型布尔混沌熵源中，噪声会使输出发生由混沌状态向周期状态的变化，即不能稳定地产生混沌，熵源的鲁棒性差；噪声使输出由混沌退化为周期的物理原因为：在小型布尔混沌熵源中，布尔混沌在延时参数空间分布范围较小且不连续，噪声使延时参数发生微小变化，使其在混沌参数空间和周期参数空间跳变，进而导致输出状态在混沌和周期之间转化。进一步研究表明，增加逻辑器件数量和减小器件响应特性参数可以增强布尔混沌在延时参数空间分布范围和连续性，进而增强布尔混沌熵源的鲁棒性。

③ 研究了噪声和布尔混沌的相互作用，证明了鲁棒的布尔混沌熵源的不可预测性。模型仿真研究表明噪声引起的幅值扰动和相位扰动均能使布尔混沌轨迹分

离，使输出变得不可预测；对布尔混沌熵源进行重启实验，结果表明每次重启得到的输出序列均不相同，经过一段时间的自由演变之后，布尔混沌熵源随机地输出高电平或者低电平，证明了布尔混沌熵源输出的不可预测性。

④ 改进了布尔混沌熵源的拓扑结构，提出了一种鲁棒的非对称布尔混沌熵源。克服了对称布尔混沌熵源起振依赖于延时参数差异性，当器件响应特性和延时参数均相等时对称节点输出完全一致的缺陷。同时，该非对称布尔混沌熵源的逻辑器件数量减少了 20%，降低了该熵源的功耗。本书构造了基于非对称布尔混沌熵源的随机数发生器，产生的 100Mbit/s 的随机数具有良好的统计特性，无需任何后处理即可通过随机数 NIST 测试。

7.2 未来工作展望

随着社会发展，网络信息量呈爆炸式增长，通信速度也越来越快。由"一次一密"理论可知，随机密钥速率不得低于数据速率且只能使用一次，因此随机数必须实时高速地产生才能满足高速通信要求。移动通信设备、便携支付设备对随机数发生器提出了低功耗、可集成的要求。由此，未来的物理熵源正向着高速、安全、低功耗、可集成的方向发展。

本书研究表明布尔混沌电路是一种宽带且结构简单的物理熵源，且在制造高速安全的物理随机数芯片方面有很大的潜力。未来的研究方向主要有以下几方面。

① 基于高速的逻辑器件构造布尔混沌熵源。本书研究表明，高速的逻辑器件，如皮秒量级的逻辑器件可以产生带宽为几十吉赫兹的混沌信号，这在电路混沌熵源中具有极大的优势。目前已有多种高速逻辑器件的前沿研究，基于这些高速逻辑器件构造布尔混沌熵源，有望实现每秒数十吉比特的高速随机数产生。

② 探索更多的拓扑结构，构造节点数量少，动态特性优良的布尔混沌熵源。本书研究表明拓扑结构对布尔混沌熵源的输出有一定的影响。期望能够实现使用逻辑器件少且能够产生具有优良动态特性如高复杂度、大带宽的拓扑结构。减少逻辑器件的使用可以有效降低熵源的功耗，尤其在布尔混沌熵源多路并行的高速随机数设计中，为高速低功耗随机数芯片的研究作出贡献。

③ 布尔混沌熵源的全熵提取。随机数的随机性来源于熵源，在熵源的熵一定

的前提下，全熵提取能够提高熵源利用率，进而提高随机数的产生速率。

④ 布尔混沌熵源每个逻辑器件可以同时产生混沌，基于大量逻辑器件的复杂网络构造超混沌系统，增大布尔混沌参数空间，产生更丰富复杂的动态，通过多路输出并行，实现高速随机数产生。

参考文献

［1］ STIPČEVIĆ M, KOÇ Ç K. True Random Number Generators[M]. Switzerland: Springer International Publishing, 2014.
［2］ YU F, LI L, TANG Q, et al. A Survey on True Random Number Generators Based on Chaos[J]. Discrete Dynamics in Nature and Society, 2019, 2019: 2545123.
［3］ LIU B, YANG B, SU X. An Improved Two-Way Security Authentication Protocol for RFID System[J]. Information, 2018, 9(4): 86.
［4］ LIN Y, WANG F, LIU B. Random Number Generators for Large-Scale Parallel Monte Carlo Simulations on FPGA[J]. Journal of Computational Physics, 2018, 360: 93-103.
［5］ DANG B, SUN J, ZHANG T, et al. Physically Transient True Random Number Generators Based on Paired Threshold Switches Enabling Monte Carlo Method Applications[J]. IEEE Electron Device Letters, 2019, 40(7): 1096-1099.
［6］ MAASS W. Noise as a Resource for Computation and Learning in Networks of Spiking Neurons[J]. Proceedings of the IEEE, 2014, 102(5): 860-880.
［7］ HABENSCHUSS S, PUHR H, MAASS W. Emergence of Optimal Decoding of Population Codes through STDP[J]. Neural Computation, 2013, 25(6): 1371-1407.
［8］ ZHOU L, TAN F, YU F. A Robust Synchronization-Based Chaotic Secure Communication Scheme with Double-Layered and Multiple Hybrid Networks[J]. IEEE Systems Journal, 2020, 14(2): 2508-2519.
［9］ GU K, JIA W, WANG G, et al. Efficient and Secure Attribute-Based Signature for Monotone Predicates [J]. Acta Informatica, 2017, 54(5): 521-541.
［10］ XIA Z, FANG Z, ZOU F, et al. Research on Defensive Strategy of Real-Time Price Attack Based on Multiperson Zero-Determinant[J]. Security and Communication Networks, 2019, 2019: 6956072.
［11］ GU K, WU N, YIN B, et al. Secure Data Query Framework for Cloud and Fog Computing[J]. IEEE Transactions on Network and Service Management, 2020, 17(1): 332-345.
［12］ CHENG G, WANG C, CHEN H. A Novel Color Image Encryption Algorithm Based on Hyperchaotic System and Permutation-Diffusion Architecture[J]. International Journal of Bifurcation and Chaos, 2019, 29 (9): 1950115.
［13］ PENG F, ZHU X W, LONG M. An ROI Privacy Protection Scheme for H.264 Video Based on FMO and Chaos[J]. IEEE Transactions on Information Forensics and Security, 2013, 8(10): 1688-1699.
［14］ HE S, ZENG W, XIE K, et al. PPNC: Privacy Preserving Scheme for Random Linear Network Coding in Smart Grid[J]. KSII Transactions on Internet and Information Systems, 2017, 11(3): 1510-1532.
［15］ GU K, WANG K, YANG L. Traceable Attribute-Based Signature[J]. Journal of Information Security and Applications, 2019, 49: 102400.
［16］ GU K, DONG X, WANG L. Efficient Traceable Ring Signature Scheme without Pairings[J]. Advances in Mathematics of Communications, 2020, 14(2): 207-232.
［17］ ROSIN D P, RONTANI D, GAUTHIER D J. Ultrafast Physical Generation of Random Numbers Using Hybrid Boolean Networks[J]. Physical Review E, 2013, 87(5): 059902.
［18］ GU K E, WANG Y, WEN S. Traceable Threshold Proxy Signature[J]. Journal of Information Science &

Engineering, 2017, 33(1): 63-79.

[19] CHILDS A M, VAN DAM W. Quantum Algorithms for Algebraic Problems[J]. Reviews of Modern Physics, 2010, 82(1): 1-52.

[20] EKERT A, JOZSA R. Quantum Computation and Shor's Factoring Algorithm[J]. Reviews of Modern Physics, 1996, 68(3): 733.

[21] HERRERO-COLLANTES M, GARCIA-ESCARTIN J C. Quantum Random Number Generators[J]. Review of Modern Physics, 2017, 89(1): 015004.

[22] BENNETT C H, BRASSARD G. Quantum Cryptography: Public Key Distribution and Coin Tossing[J]. Theoretical Computer Science, 2014, 560: 7-11.

[23] METROPOLIS N. The Beginning of the Monte Carlo Method[J]. Los Alamos Science, 1987, 15(584): 125-130.

[24] BAKIRI M, GUYEUX C, COUCHOT J F, et al. Survey on Hardware Implementation of Random Number Generators on FPGA: Theory and Experimental Analyses[J]. Computer Science Review, 2018, 27: 135-153.

[25] HASAN R S, TAWFEEQ S K, MOHAMMED N Q, et al. A True Random Number Generator Based on the Photon Arrival Time Registered in a Coincidence Window between Two Single-Photon Counting Modules[J]. Chinese Journal of Physics, 2018, 56(1): 385-391.

[26] ABUTALEB M M. A Novel True Random Number Generator Based on QCA Nanocomputing[J]. Nano Communication Networks, 2018, 17: 14-20.

[27] YUAN Z L, KARDYNAL B E, SHARPE A W, et al. High Speed Single Photon Detection in the near Infrared[J]. Applied Physics Letters, 2007, 91(4): 175-179.

[28] YU F, WAN Q, JIN J, et al. Design and FPGA Implementation of a Pseudorandom Number Generator Based on a Four-Wing Memristive Hyperchaotic System and Bernoulli Map[J]. IEEE Access, 2019, 7: 181884-181898.

[29] REZK A A, MADIAN A H, RADWAN A G, et al. Reconfigurable Chaotic Pseudo Random Number Generator Based on FPGA[J]. AEU-International Journal of Electronics and Communications, 2019, 98: 174-180.

[30] LEWIS T G, PAYNE W H. Generalized Feedback Shift Register Pseudorandom Number Algorithm[J]. Journal of the ACM, 1973, 20(3): 456-468.

[31] GONZALEZ-DIAZ V R, PARESCHI F, SETTI G, et al. A Pseudorandom Number Generator Based on Time-Variant Recursion of Accumulators[J]. IEEE Transactions on Circuits and Systems II: Express Briefs, 2011, 58(9): 580-584.

[32] MATSUMOTO M, NISHIMURA T. Mersenne Twister: A 623-Dimensionally Equidistributed Uniform Pseudo-Random Number Generator[J]. ACM Transactions on Modeling and Computer Simulation, 1998, 8(1): 3-30.

[33] CERDA J C, MARTINEZ C D, COMER J M, et al. An Efficient FPGA Random Number Generator Using LFSRs and Cellular Automata[C]//55th International Midwest Symposium on Circuits and Systems. Boise: IEEE, 2012: 912-915.

[34] KAO C, WONG J Y. An Exhaustive Analysis of Prime Modulus Multiplicative Congruential Random Number Generators with Modulus Smaller than 215[J]. Journal of Statistical Computation and Simulation, 1996, 54(1-3): 29-35.

[35] KRAWCZYK H. How to Predict Congruential Generators[J]. Journal of Algorithms, 1992, 13(4): 527-545.

[36] NEUMANN V J. Various Techniques Used in Connection with Random Digits[J]. Collected Work, 1963, 5: 768-770.

[37] SHANNON C E. Communication Theory of Secrecy Systems[J]. Bell System Technical Journal, 1949, 28(4): 656-715.

[38] WANG X, YU H. How to Break MD5 and Other Hash Functions[C]//24th Annual International Conference on Theory and Applications of Cryptographic Techniques. Springer, 2005, 3494: 19-35.

[39] CLICK T H, LIU A, KAMINSKI G A. Quality of Random Number Generators Significantly Affects Results of Monte Carlo Simulations for Organic and Biological Systems[J]. Journal of Computational Chemistry, 2011, 32(3): 513-524.

[40] PROYKOVA A. How to Improve a Random Number Generator[J]. Computer Physics Communications, 2000, 124(2-3): 125-131.

[41] 罗春丽. 高速真随机数发生器的设计[D]. 合肥: 中国科学技术大学, 2013.

[42] ZHANG L, PAN B, CHEN G, et al. 640-Gbit/s fast physical random number generation using a broadband chaotic semiconductor laser[J]. Scientific Reports, 2017, 7(1): 45900.

[43] WAHL M, LEIFGEN M, BERLIN M, et al. An Ultrafast Quantum Random Number Generator with Provably Bounded Output Bias Based on Photon Arrival Time Measurements[J]. Applied Physics Letters, 2011, 98(17): 171105.

[44] WANG A, WANG L, LI P, et al. Minimal-post-processing 320-Gbps true random bit generation using physical white chaos[J]. Optics express, 2017, 25(4): 3153-3164.

[45] NIE Y Q, ZHANG H F, ZHANG Z, et al. Practical and Fast Quantum Random Number Generation Based on Photon Arrival Time Relative to External Reference[J]. Applied Physics Letters, 2014, 104(5): 051110.

[46] STOJANOVSKI T, KOCAREV L. Chaos-Based Random Number Generators-Part I: Analysis[J]. IEEE Transactions on Circuits and Systems I: Fundamental Theory and Applications, 2001, 48(3): 281-288.

[47] PÉTRIE C S, CONNELLY J A. A Noise-Based Ic Random Number Generator for Applications in Cryptography[J]. IEEE Transactions on Circuits and Systems I: Fundamental Theory and Applications, 2000, 47(5): 615-621.

[48] MATHEW S K, JOHNSTON D, SATPATHY S, et al. μRNG: A 300-950 mV, 323 Gbps/w All-Digital Full-Entropy True Random Number Generator in 14 nm FinFET CMOS[J]. IEEE Journal of Solid-State Circuits, 2016, 51(7): 1695-1704.

[49] KWOK S H, EE Y L, CHEW G, et al. A Comparison of Post-Processing Techniques for Biased Random Number Generators[C]//5th International Workshop on Information Security Theory and Practice. Springer, 2011: 175-190.

[50] SUNAR B. True Random Number Generators for Cryptography[M]. Boston, MA: Springer Cryptographic Engineering, 2009: 55-73.

[51] NYQUIST H. Thermal Agitation of Electric Charge in Conductors[J]. Physical Review, 1928, 32(1): 110.

[52] STIPČEVIĆ M. Fast Nondeterministic Random Bit Generator Based on Weakly Correlated Physical E-

vents[J]. Review of Scientific Instruments, 2004, 75(11): 4442-4449.

[53] DRUTAROVSKÝ M, GALAJDA P. A Robust Chaos-Based True Random Number Generator Embedded in Reconfigurable Switched-Capacitor Hardware[C]//17th International Conference on Radioekektronika. IEEE, 2007: 1-6.

[54] KINNIMENT D J, CHESTER E G. Design of an On-Chip Random Number Generator Using Metastability [C]//Proceedings of the 28th European Solid-State Circuits Conference. Florence: IEEE, 2002: 595-598.

[55] MURRY H F. A General Approach for Generating Natural Random Variables[J]. IEEE Transactions on Computers, 1970, 100(12): 1210-1213.

[56] BAGINI V, BUCCI M. A Design of Reliable True Random Number Generator for Cryptographic Applications[C]//International Workshop on Cryptographic Hardware and Embedded Systems. Springer, 1999: 204-218.

[57] FUJITA S, UCHIDA K, YASUDA S, et al. Si Nanodevices for Random Number Generating Circuits for Cryptographic Security[C]//IEEE International Solid-State Circuits Conference. San Francisco IEEE, 2004: 294-295.

[58] MATSUMOTO M, YASUDA S, OHBA R, et al. 1200μm^2 Physical Random-Number Generators Based on SiN MOSFET for Secure Smart-Card Application[C]//IEEE International Solid-State Circuits Conference. San Francisco IEEE, 2008: 414-624.

[59] LIU N, PINCKNEY N, HANSON S, et al. A True Random Number Generator Using Time-Dependent Dielectric Breakdown[C]//IEEE Symposium on VLSI Circuits. Kyoto: IEEE, 2011: 216-217.

[60] VINCENT C H. The Generation of Truly Random Binary Numbers[J]. Journal of Physics E: Scientific Instruments, 1970, 3(8): 594.

[61] STIPCEVIC M. Apparatus and Method for Generating True Random Bits Based on Time Integration of an Electronic Noise Source: WO03040854[P]. 2001.

[62] EPSTEIN M, HARS L, KRASINSKI R, et al. Design and Implementation of a True Random Number Generator Based on Digital Circuit Artifacts[C]//5th International Workshop on Cryptographic Hardware and Embedded Systems. Springer, 2003: 152-165.

[63] SURESH V B, BURLESON W P. Entropy and Energy Bounds for Metastability Based TRNG with Lightweight Post-Processing[J]. IEEE Transactions on Circuits and Systems I: Regular Papers, 2015, 62(7): 1785-1793.

[64] MATHEW S K, SRINIVASAN S, ANDERS M A, et al. 2.4 Gbps, 7 mW All-Digital PVT-Variation Tolerant True Random Number Generator for 45 nm CMOS High-Performance Microprocessors[J]. IEEE Journal of Solid-State Circuits, 2012, 47(11): 2807-2821.

[65] HATA H, ICHIKAWA S. FPGA Implementation of Metastability-Based True Random Number Generator [J]. IEICE Transactions on Information and Systems, 2012, 95(2): 426-436.

[66] WIECZOREK P Z. Dual-Metastability FPGA-Based True Random Number Generator[J]. Electronics Letters, 2013, 49(12): 744-745.

[67] WIECZOREK P Z, GOLOFIT K. True Random Number Generator Based on Flip-Flop Resolve Time Instability Boosted by Random Chaotic Source[J]. IEEE Transactions on Circuits and Systems I: Regular Papers, 2017, 65(4): 1279-1292.

[68] VASYLTSOV I, HAMBARDZUMYAN E, KIM Y S, et al. Fast Digital TRNG Based on Metastable Ring Os-

cillator[C]//10th International Workshop on Cryptographic Hardware and Embedded Systems. Springer, 2008: 164-180.

[69] MAJZOOBI M, KOUSHANFAR F, DEVADAS S. FPGA-Based True Random Number Generation Using Circuit Metastability with Adaptive Feedback Control[C]//13th International Workshop on Cryptographic Hardware and Embedded Systems. Springer, 2011: 17-32.

[70] NOIJE W A M, LIU W T, NAVARRO S J. Metastability Behavior of Mismatched CMOS Flip-Flops Using State Diagram Analysis[C]//Proceedings of the Custom Integrated Circuits Conference. San Diego: IEEE, 1993: 27.7.1-27.7.4.

[71] HAJIMIRI A, LEE T H. A General Theory of Phase Noise in Electrical Oscillators[J]. IEEE Journal of Solid-State Circuits, 1998, 33(2): 179-194.

[72] DEMIR A. Phase Noise and Timing Jitter in Oscillators with Colored-Noise Sources[J]. IEEE Transactions on Circuits and Systems I: Fundamental Theory and Applications, 2002, 49(12): 1782-1791.

[73] ABIDI A A. Phase Noise and Jitter in CMOS Ring Oscillators[J]. IEEE Journal of Solid-State Circuits, 2006, 41(8): 1803-1806.

[74] AMAKI T, HASHIMOTO M, ONOYE T. Jitter Amplifier for Oscillator-Based True Random Number Generator[J]. IEICE Transactions on Fundamentals of Electronics, Communications and Computer Sciences, 2013, 96(3): 684-696.

[75] GÜLER Ü, DÜNDAR G. Modeling CMOS Ring Oscillator Performanceas a Randomness Source[J]. IEEE Transactions on Circuits and Systems I: Regular Papers, 2013, 61(3): 712-724.

[76] SUNAR B, MARTIN W J, STINSON D R. A Provably Secure True Random Number Generator with Built-in Tolerance to Active Attacks[J]. IEEE Transactions on Computers, 2006, 56(1): 109-119.

[77] BUCCI M, LUZZI R. Fully Digital Random Bit Generators for Cryptographic Applications[J]. IEEE Transactions on Circuits and Systems I: Regular Papers, 2008, 55(3): 861-875.

[78] WOLD K, TAN C H. Analysis and Enhancement of Random Number Generator in FPGA Based on Oscillator Rings[J]. International Conference on Reconfigurable Computing, 2008, 2009(1): 385-390.

[79] XU J, VERMA S, LEE T H. Coupled Inverter Ring I/Q Oscillator for Low Power Frequency Synthesis [C]// Symposium on VLSI Circuits. Honolulu: IEEE, 2006: 172-173.

[80] FAIRFIELD R C, MORTENSON R L, COULTHART K B. An LSI Random Number Generator(RNG)[C]// Workshop on the Theory and Application of Cryptographic Techniques. Springer, 1984: 203-230.

[81] GÜLER Ü, DÜNDAR G. Maximizing Randomness in Ring Oscillators for Security Applications[C]//20th European Conference on Circuit Theory and Design. Linköping: IEEE, 2011: 118-121.

[82] DRUTAROVSKÝ M, ŠIMKA M, FISCHER V, et al. A Simple PLL-Based True Random Number Generator for Embedded Digital Systems[J]. Computing and Informatics, 2004, 23(5-6): 501-515.

[83] ALLINI E N, PETURA O, FISCHER V, et al. Optimization of the PLL Configuration in a PLL-Based TRNG Design[C]//Design, Automation & Test in Europe Conference & Exhibition. IEEE, 2018: 1265-1270.

[84] GOLÍC J D. New Methods for Digital Generation and Postprocessing of Random Data[J]. IEEE Transactions on Computers, 2006, 55(10): 1217-1229.

[85] DICHTL M, GOLIĆ J D. High-Speed True Random Number Generation with Logic Gates Only[C]//9th International Workshop on Cryptographic Hardware and Embedded Systems. Springer, 2007: 45-62.

[86] GÜLER Ü, ERGÜN S, DÜNDAR G. A Digital IC Random Number Generator with Logic Gates Only[C]// 2010 IEEE International Conference on Electronics, Circuits, and Systems. Athens: IEEE, 2010: 239-

242.

[87] LI L, LI S. A Digital TRNG Based on Cross Feedback Ring Oscillators[J]. IEICE Transactions on Fundamentals of Electronics, Communications and Computer Sciences, 2014, 97(1): 284-291.

[88] YU F, GAO L, GU K, et al. A Fully Qualified Four-Wing Four-Dimensional Autonomous Chaotic System and Its Synchronization[J]. Optik, 2017, 131: 79-88.

[89] JIN J, ZHAO L. Low Voltage Low Power Fully Integrated Chaos Generator[J]. Journal of Circuits, Systems and Computers, 2018, 27(10): 1850155.

[90] ZHOU L, WANG C, ZHOU L. A Novel No-Equilibrium Hyperchaotic Multi-Wing System via Introducing Memristor[J]. International Journal of Circuit Theory and Applications, 2018, 46(1): 84-98.

[91] ZHOU L, WANG C, ZHANG X, et al. Various Attractors, Coexisting Attractors and Antimonotonicity in a Simple Fourth-Order Memristive Twin-T Oscillator[J]. International Journal of Bifurcation and Chaos, 2018, 28(4): 1850050.

[92] BEIRAMI A, NEJATI H. A Framework for Investigating the Performance of Chaotic-Map Truly Random Number Generators[J]. IEEE Transactions on Circuits and Systems II: Express Briefs, 2013, 60(7): 446-450.

[93] HARAYAMA T, SUNADA S, YOSHIMURA K, et al. Theory of Fast Nondeterministic Physical Random-Bit Generation with Chaotic Lasers[J]. Physical Review E-Statistical, Nonlinear, and Soft Matter Physics, 2012, 85(4): 046215.

[94] REIDLER I, AVIAD Y, ROSENBLUH M, et al. Ultrahigh-Speed Random Number Generation Based on a Chaotic Semiconductor Laser[J]. Physical Review Letters, 2009, 103(2): 024102.

[95] ERGÜN S, GÜLER Ü, ASADA K. A High Speed IC Truly Random Number Generator Based on Chaotic Sampling of Regular Waveform[J]. IEICE Transactions on Fundamentals of Electronics, Communications and Computer Sciences, 2011, 94(1): 180-190.

[96] TAVAS V, DEMIRKOL A S, OZOGUZ S, et al. Integrated Cross-Coupled Chaos Oscillator Applied to Random Number Generation[J]. IET Circuits, Devices and Systems, 2009, 3(1): 1-11.

[97] TUNA M, FIDAN C B. A Study on the Importance of Chaotic Oscillators Based on FPGA for True Random Number Generating(TRNG)and Chaotic Systems[J]. Journal of the Faculty of Engineering and Architecture of Gazi University, 2018, 33(2): 469-486.

[98] KIM M, HA U, LEE K J, et al. A 82-nW Chaotic Map True Random Number Generator Based on a Sub-Ranging SAR ADC[J]. IEEE Journal of Solid-State Circuits, 2017, 52(7): 1953-1965.

[99] WANNABOON C, TACHIBANA M, SAN-UM W. A 0. 18-μm CMOS High-Data-Rate True Random Bit Generator through ΔΣ Modulation of Chaotic Jerk Circuit Signals[J]. Chaos, 2018, 28(6): 063126.

[100] CICEK I, PUSANE A E, DUNDAR G. A Novel Design Method for Discrete Time Chaos Based True Random Number Generators[J]. Integration, the VLSI Journal, 2014, 47(1): 38-47.

[101] CICEK I, PUSANE A E, DUNDAR G. A New Dual Entropy Core True Random Number Generator[J]. Analog Integrated Circuits and Signal Processing, 2014, 81(1): 61-70.

[102] PARESCHI F, SETTI G, ROVATTI R. Implementation and Testing of High-Speed CMOS True Random Number Generators Based on Chaotic Systems[J]. IEEE Transactions on Circuits and Systems I: Regular Papers, 2010, 57(12): 3124-3137.

[103] BEIRAMI A, NEJATI H, ALI W H. Zigzag Map: A Variability-Aware Discrete-Time Chaotic-Map Truly Random Number Generator[J]. Electronics Letters, 2012, 48(24): 1537-1538.

［104］ TEH J S, SAMSUDIN A, AL-MAZROOIE M, et al. GPUs and Chaos: A New True Random Number Generator[J]. Nonlinear Dynamics, 2015, 82(4): 1913-1922.

［105］ TUNCER T. The Implementation of Chaos-Based PUF Designs in Field Programmable Gate Array[J]. Nonlinear Dynamics, 2016, 86(2): 975-986.

［106］ TEH J S, SAMSUDIN A. A Chaos-Based Authenticated Cipher with Associated Data[J]. Security and Communication Networks, 2017: 9040518.

［107］ HSUEH J C, CHEN V H C. An Ultra-Low Voltage Chaos-Based True Random Number Generator for IoT Applications[J]. Microelectronics Journal, 2019, 87: 55-64.

［108］ ÖZOĞUZ S, ELWAKIL A S, ERGUN S. Cross-Coupled Chaotic Oscillators and Application to Random Bit Generation[J]. IEE Proceedings: Circuits, Devices and Systems, 2006, 153(5): 506-510.

［109］ MOQADASI H, GHAZNAVI-GHOUSHCHI M B. A New Chua's Circuit with Monolithic Chua's Diode and Its Use for Efficient True Random Number Generation in CMOS 180 nm[J]. Analog Integrated Circuits and Signal Processing, 2015, 82(3): 719-731.

［110］ ZHANG R, HUGO H L D, GAO Z, et al. Boolean Chaos[J]. Physical Review E-Statistical, Nonlinear, and Soft Matter Physics, 2009, 80(4): 045202.

［111］ MA L, ZHANG J, LI P, et al. High-Speed Physical Random Number Generator Based on Autonomous Boolean Networks[J]. Journal of Central South University, 2018, 49(4): 888-892.

［112］ PARK M, RODGERS J C, LATHROP D P. True Random Number Generation Using CMOS Boolean Chaotic Oscillator[J]. Microelectronics Journal, 2015, 46(12): 1364-1370.

［113］ DONG L, YANG H, ZENG Y. Analysis and Improvement of True Random Number Generator Based on Autonomous Boolean Network[C]//13th International Conference on Computational Intelligence and Security. Hong Kong: IEEE, 2017: 243-247.

［114］ 张琪琪, 张建国, 李璞, 等. 基于布尔混沌的物理随机数发生器[J]. 通信学报, 2016, 40(15): 1-9.

［115］ 杨芮, 侯二林, 刘海芳, 等. 基于布尔网络的低功耗物理随机数发生器[J]. 深圳理工工大学学报, 2020, 37(1): 51-56.

［116］ KAUFFMAN S A. Metabolic Stability and Epigenesis in Randomly Constructed Genetic Nets[J]. Journal of Theoretical Biology, 1969, 22(3): 437-469.

［117］ SOCOLAR J E S, KAUFFMAN S A. Scaling in Ordered and Critical Random Boolean Networks[J]. Physical Review Letters, 2003, 90(6): 068702.

［118］ SUN M, CHENG X, SOCOLAR J E S. Causal Structure of Oscillations in Gene Regulatory Networks: Boolean Analysis of Ordinary Differential Equation Attractors[J]. Chaos, 2013, 23(2): 025104.

［119］ ALBERT R, BARABÁSI A L. Dynamics of Complex Systems: Scaling Laws for the Period of Boolean Networks[J]. Physical Review Letters, 2000, 84(24): 5660.

［120］ CHENG X, SUN M, SOCOLAR J E S. Autonomous Boolean Modelling of Developmental Gene Regulatory Networks[J]. Journal of the Royal Society Interface, 2013, 10(78): 20120574.

［121］ TRAN V, MCCALL M N, MCMURRAY H R, et al. On the Underlying Assumptions of Threshold Boolean Networks as a Model for Genetic Regulatory Network Behavior[J]. Frontiers in Genetics, 2013, 4: 263.

［122］ NICOLIS C. A Boolean Approach to Climate Dynamics[J]. Quarterly Journal of the Royal Meteorological Society, 1982, 108(457): 707-715.

[123] GAUCHEREL C, MORON V. Potential Stabilizing Points to Mitigate Tipping Point Interactions in Earth's Climate[J]. International Journal of Climatology, 2017, 37(1): 399-408.

[124] ZALIAPIN I, KEILIS-BOROK V, GHIL M. A Boolean Delay Equation Model of Colliding Cascades. Part I: Multiple Seismic Regimes[J]. Journal of Statistical Physics, 2003, 111(3): 815-837.

[125] ZALIAPIN I, KEILIS-BOROK V, GHIL M. A Boolean Delay Equation Model of Colliding Cascades. Part II: Prediction of Critical Transitions[J]. Journal of Statistical Physics, 2003, 111(3): 839-861.

[126] WOLFRAM S. Statistical Mechanics of Cellular Automata[J]. Reviews of Modern Physics, 1983, 55(3): 601.

[127] GHIL M, MULLHAUPT A. Boolean Delay Equations. II. Periodic and Aperiodic Solutions[J]. Journal of Statistical Physics, 1985, 41(1): 125-173.

[128] EDWARDS R, GLASS L. Combinatorial Explosion in Model Gene Networks[J]. Chaos, 2000, 10(3): 691-704.

[129] CAVALCANTE H L D S, GAUTHIER D J, SOCOLAR J E S, et al. On the Origin of Chaos in Autonomous Boolean Networks[J]. Philosophical Transactions of the Royal Society A: Mathematical, Physical and Engineering Sciences, 2010, 368(1911): 495-513.

[130] XIANG S, PAN W, LI N Q, et al. Chaotic Unpredictability Properties of Small Network Mutually-Coupled Laser Diodes[J]. Optics Communications, 2013, 311: 294-300.

[131] TOKER D, SOMMER F T, D'ESPOSITO M. A Simple Method for Detecting Chaos in Nature[J]. Communications Biology, 2020, 3(1): 1-13.